国防の禁句

防衛「チーム安倍」が封印を解く

●

Iwata Kiyofumi
岩田清文

Shimada Kazuhisa
島田和久

Takei Tomohisa
武居智久

産経セレクト

S-037

はじめに

　二〇二四（令和六）年八月二六日、中国人民解放軍Ｙ９情報収集機が長崎県の男女群島沖の日本の領空を侵犯した。これまで尖閣諸島には中国国家海洋局（当時）に所属する双発の小型機Ｙ12（二〇一二年）と無人機（二〇一七年）が侵入する事案はあったが、わが国の領空に軍用機が侵入したのは初めてだった。

　同日に防衛省が発表した航跡図を見ると、同機は男女群島と甑島（こしきじま）の間にある広い国際水域の周回パターンを逸れて男女群島の領空に侵入している。約二分間の短い時間であったが、明らかに意図的に侵入したと思われることから重大な主権侵害である。

　Ｙ９は、電波や画像情報などを収集できる情報収集専門の大型の軍用機である。これまで同機は、沖縄本島や先島諸島などを情報収集対象に飛行したが、今回は九州西部にまで進出した。九州にある航空自衛隊レーダーサイトや、海上自衛隊と米海軍の佐世保基地の情報収集、さらに航空自衛隊の緊急発進（スクランブル）態勢の直接的な確認を行ったのであろう。

その五日後（八月三一日）、中国海軍のシュパン級測量艦が鹿児島県口永良部島の南西の日本領海に侵入した。これを含む中国艦艇の過去一三回の領海侵入のうち一一回は口永良部沖である。完全に排他的な領空とは違い、領海には、他国の軍艦であっても平和や秩序、安全を害しない限り通航が許される「無害通航権」がある。東シナ海と太平洋を往復するのであれば、外国艦船の通航のために意図的に領海幅を狭めている大隅海峡を通れば良く、この海域を通る必要はない。測量艦は、海水の温度や海底の地形、水深などを計測できる。同艦は、潜水艦などが航行する上で必要となる情報を収集していたと考えて間違いなく、無害通航とは言えない国際法違反である。

連続して起きた事案には習近平国家主席の指示もあると見られる。領空侵犯に先立つ約一月前の七月三〇日、中国共産党中央政治局第一六回集団学習の場において、習主席は、「現代的な国境・海空防衛力の整備推進は、強国建設と民族復興の偉業を全面的に推進するうえで、重要な意義を持つ」と述べ、「国境・海空域防衛の新たな状況、新たな特徴、新たな要請を把握し、強大で堅固な現代的国境・海空防衛力の整備に努力せよ」と指示している。

　空自を含め主要国の空軍機であれば、他国の領空近傍の空域に進出して飛行する場合には、具体的なルートについて上級指揮官の指示・承認を受け、パイロットもルートを誤らないよう慎重に飛行する。中国製の高精度の衛星航法装置も付けていたはずであり、何より情報収集機は自己位置把握能力が高い。その上、今回は、領空に接近する段階で、空自戦闘機から繰り返し警告を受けたはずだが、これを無視して領空を侵犯したのだ。搭乗員の過誤でも航法装置の不具合でもなく、国家の意図が働いていると考えるのが妥当であろう。人民解放軍は入念に準備をした上で、計画的に行ったものと考えてよい。

　中国は長い時間軸でひたひたと影響圏を拡大し、南シナ海の島嶼を蚕食し、インド太平洋を中国にとって好ましい秩序へと変更を試みている。中国にとって国際法は守るものではなく、都合良く利用するものであり、必要ならば無視するものである。強い痛みであっても時とともに慣れて感じなくなるように、領海・領空侵犯を一過性の出来事と見逃せば、やがて常態化し、元に戻せない事態となる。

　顧みれば、中国機による最初の領空侵犯が起きた二〇一二年一二月は、日本の政治が混迷を深めていた時期であった。この時は空自が一時、相手機を見失ってもいた。その直後、政権に就いた安倍晋三総理は、自衛隊の対応態勢を抜本的に見直し、宥和的とも映った対中外交を軌道修正すると同時に、習近平主席に対し、「領土、領海、領空は断固として守り抜く。安倍政権の覚悟を見誤るな」と直接迫ったのだった。しかし今、日本の政治は再び混迷を極めている。しかも、国民と永田町の危機意識には明らかにギャップがある。中国軍の行動を見ると、安倍総理が遺した政治的な対中抑止力は失われ、中国は日本政治の流動化を見透かして、力による一方的な現状変更を加速しているのかもしれない。

誰が安倍総理の遺志を引き継ぎ、流動化する国際情勢の荒海の中で、日本と日本国民を載せた船の舵を取るのだろう。冷戦後、唯一の超大国となった米国の庇護の下に安住して良かった時代は終わった。中国の蚕食を妨げてきた米国の影響力は中国の著しい台頭とともに太平洋に向かって縮退している。誰が次の大統領になろうと、影響力の衰退は隠しようがなく、現状を所与のものと受け止め、日本は戦後初めて自分の足で立たねばならなくなった。そして自ら脳漿（のうしょう）を絞って、進む方向を考えなければならない。

日本の安全保障が抱える問題は、経済安全保障から人間の安全保障まで広い分野に存在している。なかでも、外交と国防については、冷戦後の安全保障環境のうねりのなかで、戦後長く続く軍事に対する忌避意識や核に対するアレルギーを背景として、本質的な議論はほとんどなされてこなかった。

安倍政権は戦後初めて国家安全保障戦略を策定し、安全保障に関する太い道を拓いた。そして特定秘密保護法、平和安全法制の整備など、安全保障を制度化した。これを引き継いだ岸田文雄政権は安全保障戦略を更に具体化し、防衛費の抜本的増額により、国防に必要な経費の裏付けを行った。今、必要なのは、そこに魂を入れる取り組みではないだろうか。そのためには、憲法の問題にさかのぼり、また、国防に命をかけた方々の追悼のあり方も避けて通ることはできない。まさに戦後の禁句とされてきた事柄も口にすることをためらってはならない時代なのだ。

国防に対する国民の強い意志があって初めて平和が成り立つものであることを、深く考えてこなかったつけが、今、私たち日本人に突きつけられている。世界の力関係がドラスティックに変貌し続ける中で、今を生きる私たちは、尊い平和を守り抜き、誇りある日本を創り上げ、そして、次の世代へと引き渡していく責任があるだろう。

本書では、そのような視点にたち、国の行く末を想うわれわれ三名が、これまでタブーとされてきた本質的な問題に真正面から向き合って、本音で議論したものである。民主主義国家であるわが国では国民一人一人が、国の行く末を決める主役である。一人でも多くの国民の皆様に問題認識を共有頂ければ、望外の喜びである。

令和六年初秋

元陸上幕僚長　岩田清文
元防衛事務次官　島田和久
元海上幕僚長　武居智久

国防の禁句◎目次

装　丁　神長文夫＋柏田幸子
ＤＴＰ　荒川典久
帯写真提供　共同通信社

序章　「中国を刺激するな」が日本を滅ぼす

意図的、計画的な中国の圧力

岩田　国を守るためには、常に対象となる相手の意図や能力を、その発言や行動から読み解く。これを怠らないことが重要です。「はじめに」で述べた中国の領空侵犯に関しても、中国側の「意図はなかった」「深読みをしないように」という言葉を信じて、「パイロットのミスだ」で終わってしまえば、中国の思うツボにはまったことになります。逆に、深読みをして、次に備えておくことが欠かせません。

島田　去る八月二六日（二〇二四年）の中国軍機による領空侵犯と、その直後の八月三一日の中国軍測量艦による領海侵犯は、いずれも国際法違反であり、主権の侵害です。

過去を顧みれば、民主党政権の末期、二〇一二（平成二四）年一二月に、中国国家海洋局（当時。日本の海上保安庁に相当）の航空機が尖閣諸島の領空を侵犯しました。もう一〇年以上経つので多くの人が忘れているかもしれませんが、当時、日本の政治は混迷を続けていました。同時に、中国との軋轢（あつれき）を過度に恐れるあまり、わが国の領土、領海、領空を侵す行為に対し当然行うべき警戒警備についても、その手法に極度の縛りがかけられていたのです。過去のこととはいえ、「手の内」を明かすことになるので詳しくは言えませんが、本来あるべき姿ではありません。当然に想定される事態にさえ対応できる態勢がとれなかったのです。この結果、政治の混迷と相まって、中国に対して誤ったメッセージを送ることになり、かえって不測の事態を招く結果になったのだと思っています。

この領空侵犯より少し前、私は短期間ですが、防衛省でオペレーション企画担当の審議官をやっていました。この時、官邸に行って、対応態勢の見直しについてご説明をしたことがあります。これも詳しくは言えませんが、聞き入れてもらえませんでした。政治主導の名のもとに跳ね返されたのです。最後は問答無用という感じで、無力感に苛（さいな）まれたことを覚えています。同時に、覚悟のない政治主導ほど恐ろしいものはないと感じました。

当時の総理は、二〇一二年九月に全国の防衛省・自衛隊幹部を集めた会議（自衛隊高級幹部会同）で、並み居る幹部に対して「国防に想定外という言葉は許されません」と壇上から訓示したのですが、政権として言行不一致でした。事情を知る幹部と顔を見合わせましたね。

余談ですが、その総理は、訓示の一週間後、テレビ番組に出演して、自ら行った尖閣諸島の国有化に対する中国の激しく無法な動きについて、想定外だったと述べたのです。正直な方なのかもしれませんが、テレビを見ていて、驚きました。

その後、一〇月になって今度は自衛隊観艦式があり、そこでも訓示をされたのですが、再び、「国防に想定外という言葉はありません」と述べるだけでなく、帝国海軍の五省を引用して、「言行に恥ずるなかりしか」と訓示をされたのです。つまり自衛隊員に対して、「諸君は言行に恥じるところはないか、あってはならないぞ」と迫ったわけです。総理の乗る護衛艦「くらま」の艦上で聞きました。

裏では自衛隊の手足を縛っておいて、表では想定外は許さないと訓示し、言行に恥じることはないかと迫る。これでは最高指揮官と隊員との信頼関係は生まれません。それにも増して、国を守ることはできないと思います。私はその後、「想定外」で安倍総理の秘書官になったのですが、民主党政権時代の経験は反面教師としてずっと心に留めていました。

岩田　島田さんは民主党政権時には内閣参事官も務め、安倍晋三政権では安倍総理の秘書官を長く務められましたから、違いをよくご存じですね。

習近平国家主席の意図に基づくとみられる中国軍用機初の領空侵犯や、それに連続する艦艇の領海侵犯を常態化させないために、まずは、これまでの経緯と日本の対応を確認しておきます。

島田さんからお話があったように、中国機による最初の領空侵犯は、一二年前の二〇一二年一二月でした。中国国家海洋局所属の多用途小型プロペラ機Y12が一二月一三日、尖閣諸島の魚釣島南方約一五キロ付近の日本領空を侵犯しました。航空自衛隊はF15戦闘機八機とE2C早期警戒機一機を緊急発進（スクランブル）させましたが、空自機が現場に到着したときには中国機はすでに領空外に飛び去っていました。当時、自衛隊のレーダーでは中国機を捕捉できなかったため、空自機は、海上保安庁の巡視船からの連絡を受けて発進したと報道されています。中国機に対し、海保巡視船が無線を使って「わが国領空内に侵入しないよう飛行せよ」と警告すると、中国機は「ここは中国の領空である」と回答したということです。

領空侵犯は自衛隊が北朝鮮の長距離弾道ミサイル発射への対処を終え、通常の運用態勢に戻る矢先で、その隙をついた可能性があります。この領空侵犯と同じ時間帯には、中国の海洋監視船四隻が領海侵入しており、今回同様、領空侵犯と領海侵入を絡めてくるのは常套手段のようです。

実際、中国の国際情報紙「環球時報」は、一二月一四日付の社説で、尖閣諸島領空侵犯について「海空両面からの巡航の常態化に向けたスタート」と主張。日本がF15戦闘機を緊急発進させたことに、「中国にも同様の権利がある」と戦闘機発進も示唆し、日本を威嚇しています。また、中国共産党機関紙「人民日報」のニュースサイト

「人民網」によると、中国機は監視船四隻と連携しながら一三日午前九時四〇分（日本時間同一〇時四〇分）同島上空に入り、約二八分旋回して写真撮影などの〝任務〟をこなしたとし、同機は「高度六〇メートルの低空から」侵犯したため、自衛隊のレーダーも捕捉できなかったようだ、とも解説しています。さらに、中国社会科学院の専門家、王暁鵬氏は「（尖閣諸島）上陸に技術的な問題はない」とまで指摘。海空からの侵犯を常態化させた後、島への上陸をも視野に入れていることを示唆しています。

歴史的な観点からの報道もあります。中国の複数のメディアが、一三日が旧日本軍による〝南京大虐殺〟から七五年だったと言及しており、領空侵犯が日中の歴史にかかわる節目に合わせた示威行為だった可能性を含ませています。

その後、領空侵犯には至らなかったものの、空自がY12多用途機に対しスクランブル対応したのは、二〇一三年一月五日までの間において五回。丁度この期間は、第四六回衆議院議員総選挙が行われた時期です。二〇一二年一二月四日公示、一二月一六日投開票の衆院選によって、日本中の目が国内に向いている中での威嚇です。まさに政治の間隙をついて、空から海から、そして歴史的観点からも日本に対し、意図的、計画的に圧力をかけていたことは明白です。

一二月一六日の総選挙において自民党は政権復帰しましたが、安倍政権は、早速毅然と対応しています。例えば、一月五日、米村敏朗内閣危機管理監らに尖閣周辺での領域警備で対抗措置の強化を検討するよう指示。具体的には、領空侵犯機が無線での警告に従わない場合、曳光弾(えいこう)を使った警告射撃を行うことや、海軍艦艇が領海付近に進出してくれば、海上自衛隊の艦艇を一定の範囲内、展開させることを指示したと報道されています。

「直ちに本来のやり方に戻せ」

岩田　二回目の領空侵犯の状況も見ておきます。二〇一七年五月一九日、尖閣諸島・魚釣島沖の領海で、中国海警局の公船前方を小型無人機「ドローン」のような物体が飛行しました。菅義偉官房長官は同日の記者会見で「中国による新たな形態の行動だ」と懸念を表明し、また稲田朋美防衛大臣も、中国による領空侵犯があったとして航空自衛隊のF15戦闘機二機が緊急発進（スクランブル）したことを明らかにしました。稲田防衛大臣は「中国公船に自衛隊機より警告を実施した。領海に侵入している中国公船がさらに上空にドローンを飛行させたということは全く受け入れられず、深刻なわが国の主権に対する侵害だ。領空侵犯にもあたると考えている」と述べています。

　一方、日本側の抗議に対し、中国外務省の華春瑩副報道局長は同日の会見で「中国海警局が飛ばしたのではなく、メディアが空撮のために使用したものだ」と主張。「釣魚島（尖閣諸島の中国名）は中国固有の領土。中国海警局の船が釣魚島海域で行う巡航や関連活動は中国固有の権利だ。日本の抗議は受け入れることができない」と反論しています。

　この間の政治状況はどのようなものだったたか。ちょうど一九日に、テロ等準備罪を新設する組織的犯罪処罰法改正案が、衆議院法務委員会で自民・公明の与党と日本維新の会の賛成多数で可決。民進党や共産党など野党は「質疑が不十分だ」などと猛反発し、怒号が飛び交う中での採決となっています。このドローンによる領空侵犯は、政治的というよりも、船舶からドローンを発進させ、日本に対応のいとまを与えないという作戦的な観点において、日本の対応を難しくするものであったと言えます。

　これらの経緯を確認する中で見えてくることは、中国が、今後も日本の政治や軍事態勢の隙をつき、日本の領海、領空を犯すことを、じわじわと常態化させてくる可能性があるということです。重要なことは、二〇一二年の安倍政権の対応のように、さらなる侵犯に対しては、日本として厳しく対応することを、中国側に具体的かつ明確に示すことにより、常態化させないことです。そのような観点において、今回の中国による領空侵犯に対しては、抗議をしただけで、それ以上の具体的な抑止には踏み込んでいないように思えます。これでは中国の思うツボではありませんか。

日本政府がどれだけ抗議を繰り返そうとも、中国は意に介さず習主席の指示に忠実に従い侵犯を繰り返す可能性があります。さらなる侵犯に対しては、日本として毅然と対応することを中国側に明確に示すことにより、抑止することが必要です。「領土、領海、領空を断固して守り抜く」との聞こえのいい言葉だけでは、中国は手を緩めることはありません。侵犯を繰り返されないよう、行動により実効的に阻止できる態勢を確立しておくことが、極めて重要です。

島田　安倍総理にお仕えした経験から言えば、総理大臣の仕事とは、物事を決めることにつきると思います。ましてや、自衛隊最高指揮官としての決断は、国民の命と国家の存立に直結するものです。他の課題とは異なり、結論を先送りすることもできません。一刻の猶予も許されない場面もあり、責任感と命をかける覚悟がいるものと思います。

総理に就任した瞬間から形の上では自衛隊の最高指揮官となりますが、魂のこもった指揮官でなければ、国民の安全を守ることはできません。名ばかりの指揮官でも済んだ時代は終わったものと思います。

実は、安倍総理も就任後、自衛隊員に対して、「想定外は許されない」という訓示を行っています。民主党の総理と同じように見えますが、違いがあります。先ほど言及した総理訓示では、自衛隊員に対して、「皆さんは国家の安全を守る最後の拠り所です。国防に『想定外』という言葉は許されません」と述べています。つまり、「自衛隊員の皆さん」には想定外は許されない、と言っているのです。自身は入っていないように聞こえます。他方、安倍総理は、国民を守るという崇高な責務を担う「われわれ」には、想定外は許されない、と述べています。明確です。総理自身も隊員と同列なのです。同時に、「強い危機感を、私は、諸君と共有しています。同時に、私たちは、固い決意も共有しています」とも述べているのです。この違いは大きい。それは実行に裏打ちされていました。

第二次安倍政権発足直後の平成二五（二〇一三）年一月五日、防衛省幹部を含む関係幹部を総理官邸に呼び、民主党政権下での尖閣諸島の警戒警備の状況について報告をさせたのですが、安倍総理は報告を聞き終わったところで、「それは通常の警戒警備のやり方なのか」と問いました。そして「違います」と聞くや否や、間髪を入れず、「直ちに本来のやり方に戻せ」と指示をされたのです。ひとまず報告だけだと思って来ていた関係幹部の驚きと安堵の表情は忘れられません。「手の内」になるので、今も具体的には言えませんが、事態に応じ更なる強化策も指示されました。日本は冷静かつ毅然たる対応を行い、以来、尖閣諸島の日本による有効な支配は揺らいでいません。これは、この時が大きな転機であったと思います。

しかし、政権交代の直後には、安倍政権を試すかのような事象が続きました。中国軍によって海上自衛隊の護衛艦に対する火器管制レーダーの照射、いわゆるロックオンが行われたのです。これは極めて危険な行為であり、安倍総理は外交ルートで抗議するだけではなく、断固として事実を公表しました。外交ルートで申し入れるだけでは、中国の最高指導部に到達せず握り潰されるおそれがあります。公表することで、日本国民に中国の振る舞いを知らせるとともに中国最高指導部に安倍政権の断固たる姿勢を直接伝える「戦略的コミュニケーション」としての意味がありました。そして、何よりも自衛隊員の安全確保の上でも重要との判断があったのです。

さらには潜水艦が潜航したまま、わが国の接続水域（領海から一二海里以内の水域）に侵入しました。これも総理の指示で公表に踏み切りました。同様の理由からです。

中国が非を認めたケース

武居　中国はたとえ国際法に明確に違反する事件を起こしても、その事実を認めることはほとんどありません。

例外的に中国政府が非を認めたものには、二〇〇四年一一月一〇日早朝に漢級原子力潜水艦が潜航したまま、石垣島と多良間島の間を太平洋から東シナ海に向かって北上して領海侵犯した事件があります。このときは警戒中のＰ－３Ｃ哨戒機が領海に近づく国籍不明潜水艦を探知し、領海侵犯を確認しました。また追加派遣された護衛艦二隻と搭載したヘリコプターが潜水艦が再び領海に入らないことを確認するまで追尾を継続しました。石垣島と多良間島の幅は約三四キロと狭く、海峡部はすべて領海で覆われているため国際水域はありません。東シナ海に抜けるのであれば、近傍にある宮古島と沖縄本島の水道（国際水域幅約一六〇キロ）を使えば良いのですが、中国は敢えてこの狭隘な海域を使った。国際航海に使用される海峡ではないため、国連海洋法条約に規定される通過通航権を主張することはできず、潜水艦は潜ったまま通過できません。

事件を重く見た日本政府は、外務大臣が在京中国大使館特命全権公使を呼び出して抗議し、のちに中国外務次官は、自国の潜水艦であることを認め、遺憾の意を表した上で、「通常の訓練の過程で、技術的な原因から石垣水道に誤って入った」と苦しい釈明をしました。この潜水艦は海上自衛隊の追跡をかわすために度々針路を変え、おとり（デコイ）も発射したと伝えられています。しかし追跡を最後まで振り切れず、P－3C哨戒機などに音波情報も取られていますから、ここは非を認めざるを得ないと結論したのでしょう。しかし、これは非常に珍しいケースです。

のちに中国海軍の水上艦は二〇一二年から一六年にかけて、与那国島と西表島の間、横当島と奄美大島の間など、狭いながら国際水域のあるところを試すように度々航行するようになりましたので、漢級原潜のケースはその趨り（はし）だったか、あるいは成長期の子供が好奇心旺盛なように、中国海軍も伸び盛りで、無邪気な冒険心にあふれていたのだろうと思います。

しかし、中国は次第に国際約束を守らないか、守らないことに言い訳するようになっていきます。有名な出来事は、二〇一五年九月に習近平主席がオバマ大統領（当時）と「南沙諸島の人工島は軍事化しない」と約束しながらも軍事化を止めなかったケースで、二〇一七年にマティス国防長官（当時）がシャングリラ会議で軍事化を批判すると、外交部報道官は「自国領土の主権を守るために防衛体制を強化することは軍事化に当たらない」と言い訳にならない言い訳をしました。南沙諸島の岩礁は中国が一方的に領有を主張し実力支配を強めている係争地域で、中国の領土とは決まっていません。国家指導者すら嘘をついたのか、あるいは指導者の発言を正当化するために、部下達が取り繕ったのか。このような強弁は枚挙にいとまがなく、中国政治体制の特徴と言えます。

中国が国際法を都合良く解釈することも良くある話で、海軍艦艇や政府公船が日本領海を通航したことに対して日本政府が懸念を表明したとき、それは無害通航ではなく通過通航であると言い訳しています。これは今も続いています。

たとえば、二〇一六年六月一五日に、中国海軍ドンディアオ級情報収集艦が、鹿児島県の口永良部島の西の吐噶喇（トカラ）海峡を南東進するのを監視中のＰ－３Ｃが確認しました。状況から見て、情報収集していたインド海軍艦艇に急いで追いつくために、大隅海峡でなくこの海峡を通ったものと思われます。吐噶喇海峡は領海で覆われる狭隘な海峡で国際通航に利用されることはありません。日本政府は国際通航に供するように大隅海峡の領海幅を狭め、中央部分に国際水域を作っています。これを分かっていたためか、Ｐ－３Ｃが情報収集艦に対して日本の領海内である旨を呼びかけたところ、同艦はすぐに出域する旨を回答しました。当然ながら、外務省が在京中国大使館に対し、状況をエスカレートさせないように懸念を申し入れました。

　ところが、中国外交部報道官は定例記者会見において、「吐噶喇海峡は、国際航行に使用されている海峡で各国の艦船は通過通航権を享有し、事前の通知や許可は必要としない」と答えました。吐噶喇海峡は国際海峡ではなく、領海に覆われているため無害通航のみが認められます。しかし、中国には無害通航とは言えない理由があるのです。中国は「領海及び接続水域法」（一九九二年二月二五日）六条で「外国の軍艦が中華人民共和国の領海に入るには、中華人民共和国政府の許可を得なければならない」と定めて、外国軍艦に領海内の無害通航を認めていません。よって中国海軍や海警船が他国の領海を通航した場合、無害通航を主張すれば二重基準を認めることになってしまう。だから国際海峡であるとこじつけて通過通航と言わざるを得ない。

　海上自衛隊幹部学校の国際法専門家は「（中国が）外国軍艦によるアクセスを制限する一方、自国艦艇が外洋に展開することを容易にするため、すなわち、いわゆる『第一列島線』を自由に通過するための概念として、あえて『無害通航』の概念を用いず、『国際海峡』というキーワードを使用し、それに伴う通航を主張しているようにみえる」と述べています。

　二〇二四年八月二六日の中国人民解放軍Y9情報収集機が長崎県の男女群島沖の日本の領空を侵犯したことは、通過通航権であると言い逃れできないケースです。男女群島には幅一キロメートルに満たない水道があります。Y9はこの上空を通ったわけではなく、外側の領空をかすめるように飛行しました。国連海洋法条約第三八条は、すべての航空機に通過通航権を認めていますが、この通過通航権は「その島の海側に航行上（中略）便利な公海又は排他的経済水域の航路が存在するときは、通過通航は認められない」ことを明記しています。つまり、通過通航権は主張できず、もちろん、軍用機には無害通航権はありません。今後、中国政府がどのような理屈を作ってくるか興味深いところです。

言葉の背後に必要な「力」と「覚悟」

岩田　問題は日本の対応ですよね。今回の中国軍機による初の領空侵犯（二〇二四年八月二六日）については、もちろん、航空自衛隊は規定どおり対応したと思われます。政府としても、即日、岡野正敬外務事務次官が、中国の施泳駐日臨時代理大使を外務省に呼び出し、抗議して再発防止を強く求めたということでした。しかし、史上初めて日本の空の主権を侵害されたにもかかわらず、これだけの対応なのか。翌二七日に、木原稔防衛大臣が「日本の主権上、重大な侵害だ」と記者会見で述べていますが、同日、中国外務省の林剣副報道局長は「調査中だ」としながらも、「中国はいかなる国の領空にも侵入する意図はない」と反論し、悪びれる様子もありません。

政治的には、翌二七日、超党派の日中友好議員連盟の二階俊博会長をはじめ一〇名の国会議員が北京を訪問しています。タイミング的に強く抗議し、説明を求めるチャンスだったはずです。しかし、中国共産党の序列三位で全国人民代表大会常務委員長の趙楽際氏との四〇分間にわたる会談（二八日）では、二階元自民党幹事長は遺憾の意を表明したうえで、再発防止を強く求めたと記者団に伝えたそうですが、趙委員長は領空侵犯の意図はないと説明したうえで「当局間で適切に意思疎通がなされることを期待する」と述べたとされています。

さらに、その後、外交担当トップの王毅共産党政治局員兼外相との三〇分間の会談においては、大半を王氏が発言し、二階氏は会談時には領空侵犯に関して問題提起できなかったと報道されています。

まともな国の関係であれば、主権を侵害した事実に関して、まずは詫びた上で、明確に事実関係の説明がなされるべきでしょう。中国にはそのそぶりもなく、「意図はなかった」「深入りして読むな」「意志疎通が重要」などと、煙に巻こうとしています。日中友好議連のメンバーには、中国と関係の深い政党の国会議員も含まれていますが、本件に関して何の真相解明の力にもなっていない。結局、日本の中国に対する政治力とはこの程度のものなのかと改めて思い知らされました。

島田　外交の場でも、言葉の背後に「力」とそれを行使する「覚悟」が必要だと思います。

先ほど、総理大臣の仕事とは、物事を決めることにつきると言いましたが、それに必要な事は、まず何よりも、判断を誤らないことです。そのためには、平素からの厳しいシミュレーションが必要だと思います。

たとえば、安倍総理は、総理就任前から研鑽を積まれただけではなく、就任後、平素から有事まで、起こり得る様々な事態やそのエスカレーションの度合いに応じて、総理の判断が求められる事項や、判断の結果として起きること、想定される死傷者などについて、幾度となく、報告を求められました。総理は報告内容を真正面から受け止められ、「これは自分にとってのシミュレーションだ」として思考を巡らせ、そして、「自分は必ず必要な判断をする」とおっしゃった。最高指揮官としての判断の重さと難しさを深く認識し、判断を誤らないために真摯な努力をされていたのだと思います。

その上で、おっしゃったのは、「自分の後継者たちも、判断を誤らないよう、あらかじめ、そして必ず、シミュレーションを行っておかなければならない」、ということでした。

このようなシミュレーションを経た、責任感と覚悟を持った指導者であるか否かは、自衛隊員達には容易に見透かされてしまうと思います。隊員は命をかけると宣言しているのですから当然でしょう。責任感と覚悟に、年齢や政治キャリアは関係ないと私は思っています。そして、シミュレーションを行ってみれば、自分を補佐し、かつ、危機において命をかける自衛隊員が、国家の宝であることを痛感するはずです。彼らへの接し方も自ずと変わってくるでしょう。かつての自民党政権の時のように「制服で官邸に来るな」などと口に出来るはずもありません。憲法改正の必要性も痛感するでしょう。

そして外交の場でも、言葉の重みが違ってきます。その背後に「力」と「覚悟」がこもるのです。そうでなければ、海千山千の外国首脳から底の浅い指導者だと見透かされてしまいます。安倍総理は「猛獣使い」といわれましたが、猛獣たちは、力の重要性を知り抜いた、力の信奉者なのですから。

安倍総理は、就任後、自衛隊の対応態勢を抜本的に見直し、対中外交を軌道修正すると同時に、首脳会談で習近平主席に対し、「わが国の領土、領海、領空は断固として守り抜く。安倍政権の決意を見誤るべきではない」と直接迫ったのです。その背後には血の通ったシミュレーションがありました。相手は、総理の言葉の背後に確固たる実質があることを感じ取ったのは間違いないと思います。これ以上ない抑止力でした。しかし、残念ながら、この神通力の効果は失われつつあります。中国は、日本政治の流動化を見透かして、再び、力による一方的な現状変更を前に進めてきたのでしょう。その象徴的な事象こそ、冒頭に申し上げた空と海の主権侵害なのだと思います。

これら中国軍の行為は、直接的には、作戦行動に必要な情報収集なのでしょう。しかし、中国が本質的に収集をしているのは、日本政府の意思であり胆力であることを理解すべきです。領空侵犯、領海侵犯という主権侵害を行うことで、わが国の国家意思を測るべく「威力偵察」を行っているのです。そうこうしている間に、九月一八日(二〇二四年)、今度は、中国海軍の空母「遼寧」を含む艦艇計三隻が日本の接続水域に入りました。中国軍の空母が日本の接続水域に入るのは初めてのことです。受け入れられない振る舞いです。

われわれは、これらに対して、「力による一方的な現状変更は不可能だ」という明確な回答を与えなければいけません。必要なのは言葉だけではなく行動で抑止することです。それも過去の延長線上ではない行動が必要でしょう。何しろわれわれが相手をしているのは、法的拘束力のあるハーグ常設仲裁裁判所の判決でさえ、意に沿わなければ、「紙クズ」と言い放つ国なのですから。遺憾と言ったところで止まるはずもない。岸田総理の後任となる総理には、必要な行動とは何なのか、総理就任後、直ちにシミュレーションを行い、その結果を躊躇なく実行することを強く期待します。

私自身は、個人的なシミュレーションをもとに、数年前から、まず、台湾海峡に自衛隊の艦艇を通航させるべし、と訴えてきましたが、二〇二四年九月二五日、ようやく、海上自衛隊の護衛艦「さざなみ」が台湾海峡を通過しました。時間がかかりましたが、ようやくです。自衛隊発足以来、初めてのこととはいえ、これは第一歩にすぎません。

台湾海峡は一番狭いところでも幅が約一三〇キロメートルあるので、中国側と台湾側の双方の領海と接続水域を除いても、中央部には幅約四〇キロメートルの排他的経済水域（ＥＥＺ）があります。ＥＥＺは公海と同じく、どこの国の軍艦が通っても、軍用機が飛んでも、潜水艦が潜っても自由なのです。したがって、少なくともこの部分の通航は完全に合法です。決して挑発的な行為ではない。中国に気兼ねする必要もない。胸を張って行えるのです。

ちなみに、中国空母がわが国の接続水域に入ったことについて、中国国防部の報道官は「国際法と国際的な慣例に沿っている」と主張し、「部隊の実戦能力の向上を目的としたものだ」と述べています。中国は他国の接続水域でも断り無しに実戦訓練を行って良いと言っているわけです。もちろんこれは是認できるものではありませんが、中国の理屈にしたがえば、台湾海峡の中央部の幅約九〇キロメートルの範囲で実戦訓練も可能です。もちろん、訓練などせず無害通航をするだけなら領海であっても国際法上問題ないのです。いずれにしても、台湾海峡の通航は国際法上、何の問題もありません。現に、アメリカはもとより、オーストラリア、カナダ、イギリス、フランス、ドイツなどの軍艦が台湾海峡を通航しているのです。

わが方の「手の内」を明らかにすることにもなるので、次の手について、ここで口に出すのは控えますが、「自衛隊発足以来、初めてのこと」をオプションとして多数準備し、適時に実行していく必要があります。

ただし、新たな行動を実行に移そうとすれば、総理の耳元で、「日本から事態をエスカレートさせるべきではない」などと、したり顔でささやく者が必ずいると思います。それは胆力のない指導者にとって渡りに船のアドバイスになるでしょう。しかし、胆力のない者が指導者に就ける余裕は、もはや日本にはないのです。新しい総理を、期待を持って見守りたいと思います。

そう思うと、安倍総理が残された言葉が脳裏に浮かびます。それは、「首相にふさわしいか、ふさわしくないかを考える時、私は国を守る最後の砦である自衛隊の最高指揮官が務まるかどうかが重要だと思う」という言葉です。最近起きている事象を見るにつけ、この言葉はますます重さを増していると感じます。

中国に配慮しすぎる

岩田　これまで、いろいろな事象を見てきて、日本の対中国観、あるいは中国に対する姿勢はマイナスの意味で、共通するものがあると感じています。

靖国に関しては、総理大臣の靖国神社参拝に対して中国からの強い抗議があり、日本はそれに屈した形で参拝を途中でやめてしまいましたよね。日本が中国に非常に遠慮しているという姿勢を靖国問題から見てとれます。

とくに最近は台湾に関して、靖国以上に中国に遠慮、配慮しすぎていると感じます。私は主権国家である日本の姿勢がこれでいいのかと思います。ある国会議員が「台湾問題は靖国問題より重いのだ」と呟かれたのを聞いたことがあります。中国と事を荒立てたくない、それに汲々とする政府、国会議員の姿勢は由々しきことだと思います。

私は中国との関係を切れと言っているのではありません。輸出・輸入を含めて日本の貿易上のトップを占めるのは確かに中国です。経済的安定や発展を考えて、中国とデカップリングしないように配慮しているのかもしれません。それはそれで賢明なことと思います。しかし「日中友好」におもねりすぎて、国家の主権を見失っているのではないかと感じることが多々あります。中国との関係をきちっと律した上で、台湾との連携を進めるべきではないかと言いたいのです。

いくつか例を挙げたいと思います。一つは、二年前の二〇二二年八月四日、アメリカのナンシー・ペロシ下院議長が台湾を訪問したあとに中国が強行した軍事演習に対する日本の姿勢です。普通の国であれば、初めて日本の排他的経済水域（ＥＥＺ）内に着弾した、あるいは日本の領土から八〇キロという至近距離に中国がミサイルを撃ち込んだことは大問題になります。しかし、わが国は歴史的にも初めてのことなのに、当時の外務次官が電話で中国の駐日大使に対して抗議しただけでした。北朝鮮がミサイルを発射するたびに、日本は同じように抗議していますが、それと同じ対応です。歴史的に初めて脅威となる実弾を日本の庭先に撃ち込まれたというのに、そのレベルの対応だけでいいのかということです。

当時の日本政府の危機管理が鈍感なのか、中国に対してはとにかく事を荒立てないようにしようという意識が強すぎるのか。どちらにしても、このような脆弱な国家観で政府は果たして大丈夫なのかと心配になります。

安倍晋三総理は「台湾有事は日本有事だ」と指摘して、日米同盟有事にもつながるとおっしゃいました。「台湾有事は日本有事である」という脅威認識は、今の政府は持っているはずです。戦略三文書を読めば、確実に中国が脅威であることがわかるようになっています。ではこの脅威からどうやって国を守るか、有事になったときにどうやって国民を救うつもりなのか。危険地域となることが想定される先島諸島や、台湾や中国に住んでいる邦人の命をどうやって守るのか。

これを考えれば、台湾との実務者協議はもちろん、政府として有事に備えた準備をするための調整を急がなければならないのは常識です。それがいまだに台湾との関係は非公式であるとして、実務者協議を含めて必要な調整ができていません。本当に日本の国民の命を救う気があるのかと言いたくなります。

一九七二年に日中共同声明が発出された当時、外務省条約課長だった栗山尚一さん（元外務次官）がこのときの経緯を述べた上で、こう見解を述べておられます。

「台湾問題は当事者同士の間の話し合いで解決されるべきであり、話し合いの結果として台湾が中華人民共和国に統一されるのであれば、日本政府はこれを受け入れる。平和的に話し合いが行われている限りにおいては中国の国内問題である」「しかし、万々が一中国が武力によって台湾を統一する、いわゆる武力解放に訴えるようになった場合には、これは国内問題というわけにはいかない」

改めて日本政府は栗山さんの重要な見解を読み直して、両国関係をあるべき姿に持っていくべきではないでしょうか。

永遠に後ろに下がるのか

武居　杏林大学教授だった平松茂雄さんが「日本の外交、対中政策というのは、中国に言われると一歩下がり、次に言われるとまた一歩下がり、下がっているうちに自ら窮地に陥ってしまった」と憤りを込めて指摘しています。この繰り返しが、尖閣諸島や台湾問題に出てきていると思います。

中国は自分が強く出て相手が一歩下がると、再び一歩出る。効果があると思うと、これを繰り返す。中国は学習して、日本に対してこれを相乗的にやってきました。ところが、いざ日本が開き直って一歩前に踏み出してみたら、中国から大した反応がなかった。それが二〇二二年の「国家安全保障戦略」と「国家防衛戦略」だと思います。

この文書の中で中国の対外的な姿勢や軍事動向などを「これまでにない最大の戦略的な挑戦（Unprecedented and the Greatest Strategic Challenge)」と述べましたね。

これは、「懸念」と言っていた今までと比較すると、レベルが一〇段ぐらい上に上がったのではないかというくらい大きな変化です。戦略文書は「中国の行為」を戦略的挑戦と位置づけていますが、行為の主体は中国ですから「中国」が戦略的挑戦であると言って良いと思います。中国からの抗議が外務省には来たはずですが、おそらく大したものではなかったのだろうと思います。

なぜ日本が中国に過剰に配慮するようになったかというと、日本には中国に攻め入ったことへの贖罪感情があって一九七二年の日中共同声明を日本政府は一字一句違わぬように忠実に実行してきたからではないでしょうか。政治も与野党を問わず、中国共産党政権との関係、ビジネス関係を強化しようとしてきました。外務省のいわゆるチャイナスクールという人たちはそれを後押ししました。

今、日本が台湾との間で行っているのは、非政府間の実務交流、つまりビジネス交流です。台湾は「台北経済文化代表処」という「台湾」でなく「台北」と「経済」を頭に付けた大使館に相当する機関を日本に置いていることからもそれが窺えます。中国に過度に配慮するあまり、特に安全保障や防衛に関する台湾の人脈や知識は、この五〇年間で蒸発してしまったと思います。これが現状です。

一九七二年の日中共同声明が発出されたとき、日本もアメリカが一九七九年にやったように台湾の地政学的な価値に気づいて、米国の台湾関係法のようなものを作ることができたはずでした。しかし、それができなかったのは、日本があまりにも世界情勢を見ることができず、中国を巨大な市場としてしか見なかったからです。中国共産党の持つ本質的な危険性に気づかず、また台湾に国民党政権という軍事政権があったこともマイナスに働いたのは間違いないでしょう。

西側諸国による中国包囲網ができつつある現在の世界情勢の中では、中国は西側に対して一歩、遠慮しているところがあります。ですから今、外交でも防衛交流でも日本が一歩前に踏み出したところで、中国はあまり反発しないのではないか。今が踏み出すチャンスではないでしょうか。もし今、それをやらなければ、日本は永遠に後ろへ下がり続けるような外交政策が続くことになります。

「やめろ。中国を刺激するじゃないか」

島田　今、おっしゃった点に関して、私は気になることがあります。戦略三文書において中国を「これまでにない最大の戦略的な挑戦」と位置づけたことに関連します。

二〇二三年一一月一六日（日本時間一七日）に日中首脳会談が行われた際、習近平国家主席から日中関係について、「戦略的互恵関係」を復活させる旨の提案があり、岸田文雄総理はこれを受け入れました。この「戦略的互恵関係」というコンセプトは、安倍晋三総理が第一次政権の二〇〇六年に打ち出したものです。しかし、二〇一七年一一月の安倍総理と習近平主席の首脳会談を最後に、首脳間で使われなくなっていました。今回、中国が自らこれを持ち出したのは、「最大の戦略的な挑戦」と日本が位置付けたことを上書きしようとする意図があったのではないかと思います。

岸田総理は三文書を決定した後、二〇二三年四月に、衆議院・参議院の本会議で国会報告を行いましたが、報告の中で、中国に関する「最大の戦略的な挑戦」という重要な部分には言及しませんでした。本会議では事前に準備した原稿を読み上げるので、意図的に割愛したのです。

一方、首脳会談の後、二〇二四年一月の国会における施政方針演説では、中国との関係は「戦略的互恵関係を包括的に推進する」と宣言しています。三文書に関して中国は日本に強くは出てこないのかもしれません。けれども、巧みに日本の評価を上書きする行為に出てきたように思います。

岩田　それに政治家が騙されるわけですね。

島田　冷戦後、アメリカも日本も中国に対してエンゲージメント政策、いわゆる関与政策を続けて来ました。冷戦の終了によりイデオロギー対立は終わったので、むしろ中国を国際社会に取り込んで民主化に導いていこうという考えだったわけですね。

中国も「社会主義市場経済」を積極的に導入すると決定していたので、中国が経済成長していけば、人民が豊かになり、人民が豊かになると国内でも次は民主化を求めていくだろう、それによって、われわれと同様の民主主義国家に変わっていくのではないかとアメリカも日本も期待したわけです。さらには経済の相互依存関係を深めることによって世界は平和になっていくのではないかと考えていたのですね。こういう基本的な発想がこの関与政策にはあったと思いますが、それはまったく誤りであったわけです。

イデオロギー対立はなくなったとはいえ、統治体制としての権威主義というものがまるまる残っていました。そして経済成長によって、むしろ権威主義体制の正統性を高める結果になってしまったのです。さらに経済成長で得た潤沢な資金で軍事大国化を果たし、経済の相互依存関係を使って経済的威圧をするようになり、自信を深めてとうとう国際秩序にも挑戦するに至ったわけです。

日本はこの関与政策に忠実に従ってきましたが、それが「中国を刺激しない」という言葉につながっているのだと思います。

私が経験したことで言うと、中国がロシアから導入した最新鋭のソブレメンヌイ級駆逐艦ほか計五隻が日中中間線を越えて日本側の海域に初めて進出し、かつ、一方的に開発している油ガス田の周囲を周回するなど、特異な動きを見せたことがありました。それを海上自衛隊のP－3C哨戒機が探知してくれたので、私は情報担当の責任者として、事実関係を公表したのです。ロシア軍などについては従来から行っている対応です。すると、当時は民主党政権への交代前の自民党政権でしたが、官邸幹部から「何を勝手なことをやっているのだ」とひどく怒られたのです。

私は、わが国周辺における軍事的な動向を国民に広く知ってもらう必要があると判断して公表したのです。ところが「やめろ。中国を刺激するじゃないか」と叱られ、さらに呼びつけられて「公表はやめろ」と迫られたのです。そのときは粘り強く抵抗した結果、心ある方々の助け船により、なんとか公表を続けることができました。しかし、その後何年かして民主党政権の時代に、今度は外務省幹部が私のところに「防衛省が行っている中国軍の動向の公表はやめてほしい」と申し入れに来たのです。なぜかと尋ねると、「中国から抗議を受けている」と言うのですね。理由はそれだけでした。耳を疑いました。「われわれは何ら違法・不当なことをやっているわけではない。そのような抗議は突っぱねて欲しい。根拠のない抗議に基づいて国民への公表をやめることはできない」とお引き取り願いました。

ことほど左様に、政府内の枢要なところに、中国を刺激しないことを優先する方々がいるのです。これはほんの一例ですが、自民党政権、民主党政権ともに、日中関係の原則を超えて、過剰なまでに中国に気を遣ってきたのが現実です。

「中国からの抗議」の実態

岩田　外務省幹部の言う「中国からの抗議」というのはどういうものなのですか。

島田　「自分たちの行動は国際法に違反していない。それをことさら日本政府が取り上げて、非難めいた形で公表することは問題である」

だいたいはそういったものです。防衛省が公表しているのは、「わが国の周辺の公海及びその上空で、いつ、どこの国のどのような艦艇や航空機が、どのような行動をしていたか」という客観的な事実関係のみです。違法な行動だと批判はしていません。もちろん、わが国領海で無害でない航行をしたり領空を侵犯したりすれば非難します。他方、中国の領海や領空、わが国から離れた公海及びその上空での活動であれば、防衛省も逐一公表はしません。わが国周辺の軍事動向について客観的事実を公表しているだけですから、中国の批判はまったく当たらないのです。

中国としては、日本からそういうことを公表されること自体が、嫌なのだろうと思います。彼らの行動を明らかにされるわけですから。

武居　かつては、発表しなくても「われわれはちゃんとあなたがたの動きを見ているのだ」と無言の圧力をかけることで中国も行動を慎むだろうという考え方がありましたよね。

島田　そういう考え方もありました。しかし、監視していることで中国が行動を慎むことはなかった。むしろ一方的に行動をエスカレートさせているのです。従来、防衛省は水上艦や航空機など目に見える行動について公表してきましたが、中国の行動がエスカレートする中で、中国潜水艦がわが国の接続水域に潜行したまま進入したケースについても、安倍総理の判断で公表に踏み切りました。

接続水域で潜行すること自体は国際法違反ではありませんが、接続水域は領海の外側のわずか一二海里。挑発的な動きだと判断したのです。従来であれば公表はせず、外交ルートで「関心表明」などをするのがせいぜいだったと思います。しかし、それでは途中で握りつぶされ最高指導部まで報告が上がるとはとても考えられません。したがって、中国の行動を白日の下にさらすことによって、国民に事実を知ってもらうと同時に、中国の指導部に「われわれはちゃんと見ているぞ」と知らしめる戦略的コミュニケーションとしての意味がありました。それが安倍総理のお考えだったのです。

武居　そうすることが本来、正しいと思います。

島田　安倍総理は、従来の中国への過剰配慮を明確に転換されました。

岩田　確か二〇〇六年だったと思います。陸上自衛隊が東富士演習場で行っている総合火力演習を、台湾陸軍のトップが見学したいという申し出が自衛隊ＯＢを通じてありました。私は当時、富士駐屯地にいたので、その情報を聞きました。その後、中国から「台湾の現役の陸軍のトップを受け入れるのはいかがなものか」という趣旨の抗議が外交筋を通して陸自側に届いたそうです。

当時の陸自はこれに対して、日本政府の懸念をよく理解した上で「私たちは台湾からの申し出を拒否することはできません。なぜなら総合火力演習は一般の人にもオープンにしているからです。われわれは付き添うことはしませんが、来ることに対して拒むことはできません」という趣旨の返答をしたそうです。結果、台湾からの視察者は一般の方々と同様の行動で、自衛隊ＯＢが付き添って案内したそうです。これは当時の陸自側の賢明な判断だったと思います。

つまり、そうやって台湾の軍人が日本と交流したり総合火力演習を見たりすることさえも、中国から「やめろ」と政府に圧力がかかるのです。そもそも来日そのものにもクレームがついていたそうです。これが当時の実態です。

この程度のことでさえ抗議が来るぐらいですから、他のことは推して知るべしでしょう。それがどんどん積み重なれば、担当窓口の官僚たちはもう「やめてくれ」となる。中国からの抗議は、最終的には総理にも報告されるのでしょう。総理が「国の安全保障上必要なことは、台湾との実務者協議で静かに進めなさい」と言っていただくことが重要です。しかし、「台湾問題は重いのだ」と言う政府高官がいたら、官僚は「わかりました。揉め事はやめます」と言わざるを得ません。中国に対する暗黙の遠慮がはびこっているので、だれも何も言わずに黙っておこうとなってしまうわけです。

なぜＮＳＣを開かなかったのか

島田　実はもう一つ、最近、気になることがあります。国家安全保障会議（ＮＳＣ）があまり開催されていないのです。

安倍政権のときにはＮＳＣ四大臣会合が頻繁に開かれていました。従来は、縦割りの弊害で外務省、防衛省の意思疎通は十分とは言えず、情報共有も万全ではありませんでした。そこで安倍総理はＮＳＣを創設され、総理のもと、何か特別の事象がなくても二週間に一度は四大臣を集め、安全保障に関する情勢把握を行い政府の方針について議論を行ったのです。重要な外交イベントに際しても、あらかじめNSCで重要課題の審議を行い、外交上の観点だけではなく、防衛上の観点も踏まえ、総合的な視点で対応方針を吟味されました。閣僚に示される資料は常に特定秘密を含む、わが国インテリジェンスの粋を集めたものです。それをもとに突っ込んだ意見交換が行われました。国会であれば後ろに控える各省の補佐役は同席せず、かつ、総理は閣僚に、「NSCでは紙を読み上げるな」と指示をされていました。

安倍総理はご退任になるまで、それを続けたのです。そうすると大臣会合を支える局長級、課長級の会議の開催頻度はさらに高くなります。これによって、日本の安全保障に関するレベルは驚くほど向上したのです。

これに加え、安倍総理は、最低毎週一回、外務省、防衛省の幹部から外交・軍事情勢に関する報告を受けていました。さらに重要案件は、統合幕僚長、陸・海・空幕僚長を個別に総理執務室に呼んで、現状や課題について直接話をお聞きになりました。

幕僚長が有事にわが国を守り抜くため、総理の判断を仰ぐ事項を述べ、その場合に想定される自衛隊員の死傷者について報告したこともあります。総理は現実を真正面から受け止められ、静かにうなずいて、「わかった。自分は必ず判断する」と述べられた。これは忘れられません。習近平主席に、「わが国の領土、領海、領空は断固として守り抜く。安倍政権の決意を見誤るべきではない」、そう述べた時、相手は、総理の言葉の背後に確固たる実質があることを感じ取ったはずです。何という抑止力でしょうか。

安倍総理の頭の中には、安全保障に関する森羅万象が常にバージョンアップされて格納されていました。継続は力なり、です。このような努力で、安倍総理の「地球儀を俯瞰する外交」は裏打ちされていたのだと思います。相手国首脳との関係に幅と深みをもたらし、首脳会談はもとより、食事や国際会議の合間などで、資料など見ずとも、各国首脳が舌を巻くやり取りができたのだと思います。

ところが最近、ＮＳＣがあまり開かれていないのです。北朝鮮のミサイル発射といった緊急対応や予算などに関わる定型的な開催を除くと、情勢分析や重要課題の議論を行う四大臣会合の開催は、二〇二三年の一年間で四回程度です。二〇二四年に至っては六月末までの上半期に一回も開催されていません。別途四人の幕僚長が呼ばれたという話も聞きません。

そうなると、総理をはじめ内閣官房長官、外務大臣、防衛大臣の関係四大臣の間で、安全保障に関する情勢や対応方針が十分共有されない恐れが出てきます。あるいは、さまざまな外交的な取り組みについて、安全保障の観点が十分反映されないまま進んでしまうことになるのではないかと、少し心配になります。

とくに安全保障、なかんずく軍事に関しては、起きている事象を正しく認識しなければいけない。総理や関係大臣にはプロの説明をよく聞いて理解してもらわないといけません。あまり安全保障や軍事に関わっていない人が周辺国の軍事的動向を突然聞くと、場合によっては「こんな大変なことが起きているのか」と過剰に反応してしまうことがあります。あるいは、人によってはそれの意味するところがわからずに、「それのどこが問題なのですか」となる。そういう極端な対応になってしまう可能性があるのです。

それゆえ、先述のように安倍政権は、とにかく二週間に一回は必ずNSCを開き、関係閣僚は毎週一回、最新の情勢を聞いて、わが国周辺で何が起きていて、今後はどういうことが起こりそうなのか、緊急事態になったらどう対応するのか。常時、四閣僚が共有していました。そうしておかないと、新しく生じた事象に対する正しい評価ができなくなります。国会議員は安全保障の専門家ではありませんから、起きたことが重大なことなのか、大したことはないのかを判断するためにも、平素から継続的に情勢を把握し認識を共有しておくことが重要なのです。

武居　米軍のジョン・アクイリノ・元インド太平洋軍司令官は毎朝、作戦会議を開いて、必ず情報官に訊いたのだそうです。「今日は昨日と何が違うのか？」と。情報官も癖がついて「今日は昨日と同じです」とは絶対に言えない。だから何が違っているのかを絶えず判断して、早めに危機の芽を摘む態勢になっています。

岩田　それが危機管理の常識ですよ。私も北部方面総監のときには毎朝、極東ロシア軍の動きを報告させていました。ずっと継続的に聞くから、その変化がわかるのです。たまにしか聞かないと変化がわかりません。これは普通のことですよ。官邸レベルなので、毎日とは言いませんが、二週間に一回程度は最低限必要でしょう。

先にも述べたように二〇二二年八月四日、まさに歴史的な中国からの恫喝射撃に対しても、安保会議が開かれなかったわけですよね。それから一週間後に内閣改造が行われ、そのついでに二〇分か二五分ぐらい安保会議を開いたと報道されています。つまりその程度の認識なのですよ。「国家安全保障戦略」において中国についてこれまでにない「最大の戦略的挑戦」だという認識が共有できていたはずなのに、それが意識の中にしっかりと位置づけられていない。日本の主権を脅かす事象が起きていながら、日本政府として今後、どう対応していくのかという安全保障のポリシーを速やかに確立すべき会議すら開かれないというのはまさに致命的だと言えます。

当時、関係者の方に、なぜ安保会議を開かなかったのかを訊ねたら、返ってきた答えが「菅義偉政権のときには大事ではないときも、何かあればとにかく集まれと集合をかけられていた。そういう慣習を一回断とうとする背景がある」というものでした。

民主党政権の過小反応と過剰反応

武居　菅総理のときは二階俊博幹事長でしたが、「こういうときに集まる癖をつけておかないと、いざというときに集まらないぞ」と言って、事態が生起する都度メンバーを集めたそうですね。

岩田　私も聞きました。そしてそれはやりすぎだということで、岸田政権になってから、回数を絞ることになったという話も聞いています。

島田　二階幹事長の時代は、自民党のミサイル問題対策本部長は幹事長が自ら兼ねておられ、政府がＮＳＣを開くのと並行して自民党も必ず本部を開催していました。通常は党の会合を開くなど有り得ない週末の夕方に撃たれた時でも、すぐにミサイル問題対策本部を開き報告を受けておられましたね。どこの国からにせよ、日本に向けて弾道ミサイルが撃たれるというのは重大な事象です。安全保障や危機管理について「やりすぎ」というのは初めて聞きました。

岩田　中国が軍事演習を行った八月四日は、北朝鮮とは違って、中国が初めて日本の庭先にミサイルを撃ったわけです。歴史的にも非常に重大な意味があります。もし反対に日本が中国の大陸から八〇キロ離れたところにミサイルを撃ったら中国はどうするでしょうか。

事の軽重を判断できないというのは嘆かわしくなります。

武居 マニュアルがなければ判断できないのでしょうか？

島田 私がかつて危機管理担当の内閣参事官を務めていた時でも、当然、マニュアルは作っていました。民主党政権の時でしたが、「ミサイルは北朝鮮に限る」などとはなっていませんでしたよ（笑）。これは推測ですが、担当者はＮＳＣの開催を官邸に諮ったと思います。しかし、中国は初めてだったので、日本の排他的経済水域（ＥＥＺ）内にミサイルを撃ち込まれた、しかも陸地から八〇キロ、領海から六〇キロという至近距離にもかかわらず、新しい事象への正しい評価がなされなかった。平素から情勢を把握していない弊害が出てしまったのです。

岩田 マニュアルは初めての事象にはなかなか適応し難いかもしれませんね。ウクライナを見ても安全保障上の新しい事象が起きているのですよ。同じことばかり起こらないのです。常に先を見た危機管理が必要です。

武居 安全保障に関するセンスが欠けています。

岩田　本当に問題です。しかも根底には中国に対して日本が委縮していることが関係している可能性もあります。

島田　お話を聞いて思い出したことがあります。先ほど申し上げた内閣参事官の時、北朝鮮が韓国の延坪島(ヨンピョンド)を砲撃して軍人だけでなく民間人にも死者が出たことがありました。

祝日でしたが、私は官邸の危機管理センターに駆け付けるとともに、関係閣僚による安全保障会議（ＮＳＣの前身）を開催して情勢把握をすべきだとの意見具申をしました。しかし、当時の民主党政権の判断は、安保会議の開催はきな臭いし過剰である、というもので開催は却下されたのです。ところが当時の野党である自民党やマスコミから、なぜ安保会議を開かないのかと激しい批判が起こりました。

余談ですが、民主党政権は政治主導と言いながら、当時、野党の会議に官邸を代表して出るのは官僚の内閣参事官という方針でした。このため、祝日開けの朝、私は光栄にも民主党政権を代表して会議に出席し、数十人の自民党議員から長時間にわたりご批判を受けるという栄誉に浴しました（笑）。

ところが官邸はあまりの批判に驚き、私が袋だたきに遭っている最中に、トップの指示で突如として全閣僚をメンバーとする対策本部を立ち上げたのです。なぜ安保会議ではなく本部なのか、なぜ全閣僚なのか、聞かれても私には答えるすべがありませんでした。

　全閣僚というのはさすがに過剰です。しかも情勢把握以外に特段の対策もありませんでした。これなどは、まさに知識も問題意識もなく平素から情勢も把握していないため、当初は過小反応をし、次いで、過剰反応をした例だと思います。

マジックワードで政権もフリーズ

島田　中国の経済的威圧の典型は、二〇一〇年に尖閣諸島で起きた中国漁船による衝突事件を巡るものです。中国の漁船が海上保安庁の巡視船に体当たりしてきたため、船長を逮捕したところ、日本へのレアアースの輸出をストップしたのです。さらには中国にいた日本の建設会社の社員四人を拘束しました。これらの圧力に屈して、当時の民主党政権は船長の身柄を解放してしまったのです。

　ふたたび余談になりますが、この時も私は内閣参事官でした。政権にいる政治家には浮き足立つ人もいて、あげくに逮捕したことを批判する声まで上がった時には暗澹たる思いがしました。解放したとの一報を聞いた時には本当に絶句しました。

　中国は、民主主義国家では決してやらない手法で、経済の相互依存を逆手にとって、さまざまに威圧してくる。レアアースの禁輸や在留日本人の拘束は公になったケースですが、表には出ていないものもあると思います。

この件は、政府に胆力が欠けていたことも問題ですが、その背後には「中国を刺激するな」という関与政策があったものと思います。安倍政権が誕生するまでの何十年間もの間、これが〝マジックワード〟のように、われわれの行動をフリーズさせてきました。

岩田　民主党政権で漁船の船長を中国政府が準備した特別機で中国に返したことは日本の外交史上、最大の汚点です。「脅しに弱い日本」を中国に印象として植え付けてしまいました。まさに「遠慮外交」そのものです。

島田　日本だけではなく、オバマ政権にもまだそのような傾向があったのです。私自身も驚いたことがあります。安倍政権が二〇一二年末に発足すると尖閣諸島への対応などを直ちに変え、中国に毅然とした対応をとるようになりました。その初期の頃に、アメリカの高位の軍人が日本を訪問したのですが、彼は北京に行った帰りに、ついでに日本にも立ち寄ったという形でやってきて、そのこと自体にも驚きましたが、その物言いには耳を疑いました。差し障りがあるので、ざっくりと言うと、日本政府は中国に対して、そんなに片意地を張った対応をしなくてもよいのではないか。自分も北京で話したが、彼らはとても話せる奴らだ。もっと胸襟を開いて話せばいいじゃないか。そういうことを言うわけです。軍の幹部ですらそういう対応でした。

武居　関与政策はブッシュ・ジュニア政権のときから続いていました。ブッシュ政権は「レスポンシブル・ステークホルダー（責任ある利害関係者）」を主張して、オバマ政権もそれを継続したのですね。

島田　数年後、米軍関係者が日本に来たとき、「アメリカの対中認識は安倍政権より三年遅れていた」と言いましたが、本当はもっと遅れていたと思いますね。

岩田　オバマ政権当時、私は現役自衛官でしたが、おっしゃる通り、中国に関してはいろいろなケースでアメリカから待ったがかかりました。しかしトランプ政権になって、国防総省顧問のマイケル・ピルズベリー氏が著書『The Hundred-Year Marathon（一〇〇年マラソン）』（邦訳『China 2049』日経ＢＰ）で書いたように、関与政策は間違っていたことが明らかになりました。関与政策の中心的立場だった当事者が、自分は中国に騙されていたと謝ったわけですからね。

ドナルド・トランプ氏は非常に問題のある大統領ではありましたが、対中国政策だけは間違ってなかったと思います。トランプ政権発足以降、日本でも中国に対して、あるべき安全保障の政策が進められるようになりました。その一つが「国家安全保障戦略」です。今では中国に対してアメリカも世界も姿勢が変わってきました。

とはいえ、中国に対する遠慮はまだまだ至るところにはびこっています。大英断を下せない政治状況は非常に由々しき問題だと思います。

武居　アメリカは、公式にはまだ中国のことを「脅威（threat）」と呼んでいません。「挑戦（challenge）」の段階です。しかし彼らは話すときには「threat」を使います。中国は安全保障上の「脅威」であるというわけです。ところが外交の場面では、安全保障上の「challenge」なのです。おそらく「threat」と言いにくいところが、アメリカにはあるからだと思います。ロシアを牽制するためにはまだ中国に利用価値があります。だから外交的には「challenge」と言い続けるでしょう。

ところが日本は「challenge」の上に「greatest strategic」と付けて「最大の戦略的な挑戦」と呼びました。たぶんアメリカは「ここまで日本は踏み切ったのか」と驚いたと思います。「国家安全保障戦略」「国家防衛戦略」の中に、この言葉を用いることを決めた人たち、すなわちＮＳＳ（国家安全保障局）、防衛省、外務省、財務省の一部の人たちは、本当に日本の安全保障政策を画期的に変えたと思います。それによって、日本がどれだけ変わるか期待されますが、少なくとも文言上はすごく変わりました。

認識を変えるには時間がかかる

岩田　もし変わったのであれば、台湾有事に対応するために具体的な対策をとらなければなりません。それができてないということは、完全にはまだ変わっていない。

武居　他の省庁までその認識が行き渡ってない、共有されていないからだと思います。たとえば国民保護に関しても、主管官庁の総務省は「何をやっているのだ」と批判されています。認識が行き渡っていないからです。ＮＳＳの人たちは、全省庁を挙げたアプローチを取らせようとして非常に苦労しています。「台湾に対して何も変わっていないじゃないか」とＯＢたちに文句を言われて、「そんなこと言わないでくださいよ」と歯がゆく感じていると思います（笑）。

岩田　二〇二三年一〇月号の月刊『正論』で、私は国民保護に関する部分がまったく進んでないと非難したのですが、その後の動きを見ていると、松野博一官房長官（当時）が熊本県知事と鹿児島県知事に、台湾有事の際に先島諸島からの一二万人の避難民を受け入れる態勢整備に協力してほしいと頼みに行きました。また、読売新聞（二〇二四年一月二五日）の報道によれば、東京都は新年度から、外国からのミサイル攻撃に備え、住民らが一定期間滞在できる「地下シェルター」を都内に整備する方針を固めたとあります。都営地下鉄大江戸線・麻布十番駅（港区）の構内で整備を始めるとともに、地下駐車場を対象に次の候補地も探しているようです。政府も東京都も頑張っているなと、ここは評価したいと思います。

武居　今の状況をイメージして言うと、何十両もあるような列車が方向を変えるときのようなものでしょうね。緩やかなカーブだと自然に曲がれますが、あまりにも急なカーブなので、後ろの車両が脱線しないようにスピードを落として、徐々に徐々に前に進めながら、今やっと軌道に乗ったというところではないでしょうか。

岩田　戦略三文書のもとで一挙に「国家安全保障戦略」「国家防衛戦略」「防衛力整備計画」が決定され、かつ「国家安全保障戦略」によって、もともとあった「宇宙基本計画」がリニューアルされ、グレードアップされました。

　国民保護に関しては、広域の避難計画がありませんでしたが、南西諸島からの広域避難計画を作るということで、関係省庁横断でそのためのチームがやっとできました。今後、サイバーでも、総務省や関係する省庁で横断的なサイバー強化のための計画を作る必要があります。一省庁でやるのではなくて、内閣官房が旗振り役になり、たとえばサイバーディフェンス実行計画など、分野に応じた計画に落とし込んでいかなければいけません。

武居　「国家安全保障戦略」を決めたときは、さほど政治の熱さを各省庁の官僚は感じていなかったと思います。「これは大変なことだ」という危機感を感じたのは、官僚よりも民間の会社のほうが先でした。台湾や中国にいる社員をどうやって守るかという研究がすぐにスタートしたと聞いています。しかし官僚も政治家も、そこまで危機意識を共有していなかったと思います。彼らは自分の命が懸かっていませんから。

島田　行政府を変えていくのは、ものすごく時間と力が必要です。前例踏襲の巨大な組織なのです。まず舵を切るのに大きな力がいります。そして舵が効いて組織が向きを変え始めるまでに相当な時間がかかるのです。私は最初の「国家安全保障戦略」の思想が浸透するまでに、一〇年かかったと思います。

安倍政権が誕生して、最高指揮官である総理が「現実の脅威に向き合え」と言い続けても、なかなか浸透しませんでした。脅威に直接対抗しないという旧来の「基盤的防衛力構想」的な発想から抜け出せず、どうせ予算はGDP一％を超えられないだろうから頑張ってもしょうがない、という「あきらめの思想」が組織に蔓延していました。それがようやく変わったと思います。

この動きが後戻りしないようにしなければいけない。私が懸念しているのは、二〇二三年度から二七年度の五年間に投じる防衛費四三兆円では、計画を策定した後の円安や物価・人件費の上昇によって、計画を実現するのが困難になっていることです。昭和六〇年以降に策定された過去の防衛計画は、策定後の物価上昇を織り込んだ計画でした。しかし今回の計画では考慮されていません。それでも、とにかく四三兆円と決めたのだから金額は変えないという方針を総理が国会で述べています。

しかも財政当局の指示で、計画は一ドル一〇八円という前提で作られました。このため、四三兆円の計画は、単純にドル換算すると、すでに相当額が「蒸発」しているのです。為替レートの先行きを見誤った責任はどうなるのでしょうか。このままでは防衛力の低下で贖うということになりかねません。計画は「金額」を積み上げたわけではなく、国を守るために必要な「施策」を積み上げたもので、「金額」は結果として出てきたものです。国を守るために必要な「施策」の積み上げよりも、結果としての「金額」優先では、かつての「ＧＮＰ一％枠」という発想に戻ってしまいかねません。

外部の安全保障環境に関係なく、「一度決めた金額は変えられない」というのでは、ふたたび組織の中で「あきらめの思想」が頭をもたげ、この国の安全保障を危うくすることを恐れます。

岩田　報道によると、自民党内で防衛費を増やせという意見が出てきているようです。

島田　残念ながら大きな声にはなっていません。もちろん、ただ増やせばいいのではなく、まずは経費削減のため徹底的に知恵を出さなければいけませんし、血のにじむような努力が必要です。しかしそれも限度があります。

先ほど、行政府を変えていくのは、ものすごく時間と力が必要だといいましたが、政権の意志が強くないとみれば、形状記憶合金のように、あっという間に元に戻ってしまいます。武居さんのおっしゃった「前の車両のブレーキ」はすごく効くのです。

第一章　新しい戦争が始まっている

アメリカが知らない世界秩序

岩田　今の世界情勢をひと言で述べると、アメリカがこれまで体験したことがなく、アメリカ一国では対応できない危険な世界が訪れているということです。ウクライナ戦争が発生して以後、中国、ロシア、北朝鮮、イランといった権威主義国連合が、表面的にも水面下でも、結びつきをすごく強めている。日米同盟とか、北大西洋条約機構（NATO）のような完全な同盟ではないにせよ、それに近いぐらいの関係をしっかりと結んで、アメリカをしのぐ勢力になっています。

アメリカの外交政策の専門家である、ジョンズ・ホプキンス大学高等国際問題研究大学院のハル・ブランズ教授は昨年、米外交誌『フォーリン・ポリシー』で「中国、ロシア、イラン、そして北朝鮮といった修正主義的独裁国家は、単にそれぞれの地域で権力を握ろうとしているだけではなく、世界最大のユーラシア大陸で連動した戦略的パートナーシップを形成している」と指摘しました。またロバート・ゲイツ元米国防長官も米外交誌『フォーリン・アフェアーズ』で「アメリカはこの数十年でかつてない深刻な脅威に直面している。問題なのは、アメリカは一貫した対応が求められるのに、それができない状況にある」と警告しました。アメリカは四つの敵対国と同時に直面したことは過去に一度もなく、四カ国の結束力は、これまででもっとも危険であると指摘しているのです。

ハル・ブランズ教授は今年一月の論文でも「アメリカはこの脅威に準備ができていない」と警告を発しています。やはり衝撃的な時代になったのだろうと思います。二〇二四年以降、世界は権威主義国連合対民主主義国連合の対立がいっそう顕著化し、本当の試練を迎えます。困難な時代における大きな転換点になると思います。今こそ、民主主義国家はお互いにどうやって連携し、対応していくかが問われています。

そのような危機感を持たなければならないのに、アメリカは内部分裂して民主主義が崩壊の一途をたどり、政治の関心はウクライナや中東、中国の脅威よりも、メキシコの移民問題や国内問題の比重が大きくなっています。本来、アメリカという国はどのような状況に陥っても、最後は民主党と共和党が連携して対処できると認識していました。しかし、今やとんでもない国内至上主義になっています。

日本も同様です。日本はアメリカよりも、さらに準備ができていません。もはや、われわれを取り巻く状況は、国内問題に関心を向けているだけで済む時代ではないのです。それを強く意識すべきだと思います。

軍人は古い戦争の準備をする

武居　まず第一点目として技術の問題を指摘しておきます。昔から「軍人は古い戦争の準備をする」とよく言われます。裏返せば、新しい戦いについてはいつも準備が疎かになっている。今回、ウクライナ戦争で初めて大量の無人機とミサイルが使われました。われわれは無人機もミサイルも当然ながらあることは知っていましたが、実際に戦場で使われる場面をイメージしたことがなかったと思います。新しい技術をエマージングテクノロジー（Emerging Technology）と言いますが、軍人はその威力や、それによる被害を目の当たりにして、初めて新しい戦争への備えを始める傾向が強い。常にひとテンポ遅いのです。

ウクライナ戦争でもそうです。被害が発生してからでなければ、事の重要性がわからないのです。二〇一四年にロシア軍にクリミア半島を侵攻されたとき、ウクライナは、同じソ連の衛星国だったエストニアが二〇〇七年にロシアの大規模なサイバー攻撃を受け、国家機能が麻痺したこと、ロシアのサイバー攻撃は現実に存在する脅威であることをわかっていたはずなのに、準備ができていませんでした。二〇二二年二月にロシアがウクライナに侵攻したときは、二〇一四年の苦い経験があったがゆえにアメリカの力を借りて防衛態勢を強化できていたので、サイバー攻撃に対抗することがきました。

防御する側は、どうしてもリアクティブ（受け身）になりがちです。日本は専守防衛を国是としているので、さらにリアクティブになってしまう。したがって対応はいつも後手に回り、攻撃する側のように、相手の防御の弱点を狙って新たな技術をプロアクティブ（能動的）に取り入れることは不得手で、新しい技術を先取していくのはよほど心しないとできない。

常に相手がエマージングテクノロジーを使って攻撃してくることを想定して、その体制を整えていく必要があります。これが今回のウクライナ戦争の教訓であり、イスラエルに対するイスラム原理主義組織「ハマス」のテロからの教訓だと思います。

リアクティブになるのは仕方ないとしても、対応策を迅速に取り得るような瞬発力と技術に溜めのある体制をつくる必要があります。ロシアはウクライナからの無人機攻撃に対して、ただちにこれを無力化する手段を取り入れました。おそらく迅速に研究開発をして、短い時間のうちに劣勢を盛り返して反撃することに成功しています。われわれも被害を最小限に抑える装備や戦いながら研究開発できる弾力性(resilient)ある体制を備えておくべきです。これが第一点目です。

第二点目は、防衛省の技術開発の人たちに関連しますが、開示されている情報

（Open Source Intelligence）に敏感になる必要があるということです。

イエメンの親イラン武装派組織「フーシ派」が多数の対艦弾道ミサイルを保有していることは、二〇二二年九月二一日の革命八周年を記念する軍事パレードで明らかになっていました。実際にこのミサイルを使った攻撃が行われたのは、ハマスの無差別テロに呼応した攻撃が始まった二〇二三年一〇月からで、このとき紅海に展開している有志連合の艦艇で対艦弾道ミサイル対処能力が実証されていたのは米海軍のイージス艦だけでした。イギリス海軍は二〇二三年から艦載防空システムの能力向上の計画を持っていましたが、実際に予算が付いたのは二〇二四年一月で、45型駆逐艦の対弾道ミサイル能力の向上などに約四億ポンド（約七七〇億円）の契約をして能力向上を急いでいます。「フーシ派」の対艦弾道ミサイルの射程内で海賊対処活動をしている海上自衛隊の汎用型護衛艦には対弾道ミサイル対処能力はありません。海自で能力が実証されているのはイージス艦だけです。現在も日本はイギリスのように緊急の能力向上のための予算措置をしていませんので、テロ組織さえ保有している対艦弾道ミサイルの脅威をそれほど深刻に受け止めていないように感じます。

第三点目は、現状変更勢力の立場に立って、作戦を立てるということです。この部分は日本が一番弱いところなのですが、脆弱性を検証するためのレッドチームを編成して、わが国に攻撃を仕掛けてくるとすればどのような技術を使い、どのような作戦を用いるか。それに対して自衛隊はどのように反撃し、そのためにはどのような武器体系を準備しなければならないかを考えていく必要があると思います。

新たな技術を使った戦いでは、現状変更勢力側が自由に攻撃のタイミングや場所を選べることも手伝って常に作戦を優位に進めることができます。現状維持側である防御側の新興のエマージングテクノロジーに対する対応が一段と遅くなることは避けられません。そうした不安をどう受け止めて、社会的、技術的、戦力的にどのような対応を取っていくかを考えておかなければいけないと思います。

新たな戦争に入った時代

島田　われわれが生きている今の時代は、後世において、世界が新たな戦争に入った時代であると歴史的に評価されるのではないかと強く感じます。
アメリカにチャレンジした国々には、かつての日本、ドイツ、イタリア、旧ソ連のような国がありました。しかし、アメリカにチャレンジした国々の軍事力を裏打ちする経済力を見ると、かつての日本はアメリカの五分の一、ナチス・ドイツは四分の一、イタリアは七分の一くらい、日独伊三国同盟全体でもアメリカの半分くらいしかなかったと言われています。旧ソ連の最盛期でもその程度でした。しかし、中国は足元ですでにアメリカの七割に達しており、いずれ米中逆転という見方さえあります。

その意味では、アメリカが自国の経済力にここまで肉薄する国に挑戦を受けるというのは、史上初めてのことなのです。なぜこういうことになってしまったのか。

もちろん突然、生じた事態ではありません。中国は着々と経済力をつけて、それに並行して軍事費も毎年二ケタの伸びが続き、着実にアメリカに対する「接近阻止・領域拒否（A2／AD）」能力を築いてきました。冷戦後、アメリカや日本も含めて自由主義諸国が長らく中国に対して関与政策を採っていたために、中国の軍拡はずっと放置されてきたのです。関与政策が失敗に終わったことがようやく認識され、はたと気づいて、国際情勢の現状を見ると、今お二人が言われたような深刻な状況になっていたというわけです。

これに対する取り組みを本当に急がなければならないと思います。戦後の国際秩序の根幹は何かといえば、力によって国境線や領土を変えてはいけないということです。この「法の支配に基づく国際秩序」が今、力によって一方的に、あからさまに踏みにじられるようになってきています。

安全保障の点で言うと、国の安全は軍事力だけでは達成できず、ＤＩＭＥ、すなわち、ディプロマシー（Diplomacy）、インテリジェンス（Intelligence）、ミリタリー（Military）、エコノミー（Economy）の総合が重要だと言われてきました。二〇二二年に策定された戦略三文書、「国家安全保障戦略」「国家防衛戦略」「防衛力整備計画」では、このＤＩＭＥにテクノロジー（Technology）も加えた総合的な国力を用いて安全保障の目的を達成するという考え方が強く打ち出されました。いわば「ＤＩＭＥ＋Ｔ」です。これは妥当な考え方で、基本的には過去の「防衛計画の大綱」でも示されてきました。一方で、これを強調することは、軍事力の意義を相対化してしまう危険性もはらんでいると思います。

実際に、今の時代を大きく変えているのは、洗練された安全保障論に基づく対応ではなく、軍事力と呼ぶことさえ躊躇を覚える、むき出しの力ではないでしょうか。われわれはそれに躊躇して、現実から目を背けるわけにはいきません。ウクライナに対するロシアの侵略を見ても、ロシアは人命の著しい損耗などものともせずに攻撃を続けています。ロシアにとって人命はものすごく軽い。日本を含む先進民主主義国からすると、およそ常識に合わないものです。

ハマスによるイスラエルへのテロに端を発し、イスラエルの反撃を招いている今のガザ地区の状況を見てもそうです。過去のイスラエルの対応を見れば、イスラエル国民あるいは軍人が殺された場合、イスラエルは相当の反撃をする。それが歴史的に繰り返されてきました。千数百人のイスラエル市民を虐殺すれば、イスラエルがガザ地区への大規模攻撃に踏み切り、その結果、大勢のパレスチナの人々が巻き添えになることは火を見るよりも明らかだったと思います。それを知っていながら、敢えてハマスはイスラエルを攻撃したのでしょう。ハマス、あるいはパレスチナの人々が絶望感に苛まれていたという背景があったとはいえ、恐ろしいことだと思います。

政治的目的の達成のため、人命の尊さというものが、二一世紀においても極めて軽視されている。この現実を、十分に踏まえておかなければいけない。そういう時代にわれわれは生きているのであり、日本国内の常識で世界を見てはいけないということを再認識させられます。

新・悪の枢軸

岩田　まさに今、世界秩序構造が大きく変化してきており、地球規模での対立が激化しています。その危険な国々が先ほど述べた世界的な権威主義国家の塊です。彼らはそれにプラスして、グローバルサウスと呼ばれる国々を取り込もうとしています。

現在、一九三カ国が加盟している国連の中で、民主主義国家の数よりも、権威主義国家とこれにプラスした国のほうが多数になっています。ウクライナ戦争に関連した国連の決議を見ても、どちらかというと反民主主義の勢力のほうが多い状況です。「新・悪の枢軸」である中国、ロシア、北朝鮮、イラン四カ国が地球規模の戦いで反民主の国々を取り込み、対立の軸が変わってきたのではないかと思います。

軍事的な規模でも、「新・悪の枢軸」のほうが大きくなっています。ロバート・ゲイツ元米国防長官は、核弾頭の数を比較すると、アメリカは四カ国に完全に負けてしまうと警告を発しています。米戦略国際問題研究所（ＣＳＩＳ）は、三つの核をもつ国が同時にアメリカと対峙することはないと分析してはいますが、ゲイツ氏が言うように、やはりわれわれは現実を深刻に見ておく必要があります。

先ほど、「四つの国が連携している」と述べましたが、ピンとこないかも知れませんので、具体例を挙げます。ウクライナ戦争を通じて見えてきたのは、北朝鮮がロシアに累計約一五〇〇万～二三〇〇万発の弾薬を渡したことが引き金となって、戦闘の現場の主客が逆転しているということです。

昨年（二〇二三年）の夏以降、反撃した際の砲弾あるいは火力では、はるかにウクライナが上でした。ところが二〇二四年に入り、ロシアのほうが五倍から一〇倍、一日の弾薬使用量が多くなっています。ロシアが現在、使っている一日の弾薬は一万発から二万発ですが、ウクライナは二〇〇〇発が限度だと報道されています。ロシアが急激に盛り返したのは、北朝鮮の約一五〇万発の弾薬が影響しているからです。加えて約五〇発の戦術弾道ミサイルをロシアに渡しており、それが前線に向けて発射されています。

一方、イランはシャヘドという自爆型ドローンを大量にロシアに譲渡しています。最近、ウクライナがかなり追い込まれているのは、シャヘド238という最新型で高速化された破壊力の大きい新しいドローンをロシアに渡しているからです。米CSISによれば、二〇二三年四月～六月の三カ月間において、ロシアがウクライナ攻撃に使用した弾道ミサイルやドローン総数に占めるシャヘドの割合が五八％であったとされています。それほどイランの支援が大きいということです。

中国もまた規制のない商業用ドローン市場を通じて、昨年三月から一〇カ月間で約一八億円、一二〇〇万ドル以上の無人機と無人機用の部品をロシアに輸出しています。アメリカ国防総省の報告書の中にも、これが触れられています。加えて、ワトソン米NSC報道官は、二〇二四年三月、火薬やロケット弾の推進剤となるニトロセルロース、およびターボジェットエンジンなども中国から流れていると、述べています。

さらに二〇二四年五月、米アトランティック・カウンシル・スコウクロフト戦略安全保障センターのマーカス・ガルラウスカス氏は、二〇二三年夏のウクライナの反転攻勢がロシア軍の強靭な陣地により失敗した一因に、中国の協力があったとしています。具体的には、陣地を強化するための壕掘削機の中国からロシアへの輸出が、二〇二二年九月の段階で、前年比四倍以上に増加していたとのデータを示しています。この点、アトランティックカウンシル（二〇二三年一一月一五日）のレポートにおいては、中国からロシアに輸出されたショベルローダが、戦争開始前の二〇二二年二月段階で七百数十両だったものが、二〇二二年九月で、約三倍の約二二〇〇両となり、その後三カ月ごとの統計においても二〇〇〇両ペースで輸出が継続しています。そして、二〇二三年六月、ウクライナの反転攻勢が始まると輸出が一挙に激減しています。まさにウクライナの反転攻勢までの間、ロシアの陣地構築を中国がどんどん強力に支援していた証左と言えるでしょう。

こういった状況を背景に、二〇二四年七月一〇日、ＮＡＴＯの声明において、「中国はロシアの戦争の決定的な支援者になった」と「深刻な懸念」が表明されています。米国のジョー・バイデン大統領も、「中国は武器を製造する能力と技術を提供している。実際にロシアを助けている」とまで指摘しています。

これらのことからも、完全にこの四カ国の連携が行われていることがわかります。

民主主義対権威主義の戦いで、ロシアを支える軍事同盟的な協力が拡大しているという流れは見逃せません。

ドローン戦隊がやってくる

岩田　先ほど武居さんがコメントされた技術に関してもまったくその通りです。今年（二〇二四年）二月、ウクライナのザルジニー軍総司令官（当時）がＣＮＮのインタビューで、ウクライナ軍が直面している最大の課題は、武器や装備の発展を決定づける技術の進歩だと述べていました。確かに、最初はドローン戦争でウクライナが勝っていたのだけれども、イランなどがドローンを大量に供与したり、あるいは、ロシア国内でのシャヘド生産工場建設に協力したりしたことによって、ロシアがドローンの生産数で急激にウクライナを上回った。そして今ではドローン戦争で、ロシアのほうがウクライナを先行しています。

これまでは技術の進化は五年、一〇年というスパンを想定していました。ところが今や一年や二年で進化し、即製のドローン等においては数カ月ごとに戦法を変化させています。このような兵器の生産能力が高まることによって戦場における戦いの優劣が、わずか半年、一年で変わってしまう状況です。テクノロジーだけではなく、スピードという観点でも大きく戦争の行方が左右されるようになっています。

もう一つは、「戦いのサイクル」が変わって来たことです。今までは戦闘は昼間を重視し、夜間は敵陣地の偵察や襲撃を行うという戦場の実相がありました。軍事的には「戦いのサイクル」と呼んでいますが、それによって戦闘の一日の流れが読めたのです。

しかし、今のロシア軍は昼夜区別なく、一日に十数回、朝から夜まで攻撃していま す。ウクライナの前線の兵士たちは寝る暇がありません。ウクライナ兵士がヘトヘトになるまで戦わせるわけです。これを成り立たせているのが、ディスポーザブル・インファントリー（Disposable Infantry）と呼ばれていますが、要は「使い捨て歩兵」です。東部ドンバス地方にいるウクライナ人を徴兵して、彼らを前線に立たせていま す。これは死ぬことを前提にして、ウクライナ人をロシア兵の代わりに使うのです。プーチン氏の戦略は、ウクライナ軍によってドンバス地方のウクライナ人（ロシア軍）を殺害させ、その後にドンバス地方にロシア人を送り込んで完全にそこをロシアのものにしてしまうという、ある意味、民族浄化的な策略も裏にはあるようです。

プーチン氏が二〇二一年夏に表明した論文『ロシア人とウクライナ人の歴史的一体性について』では、ロシア人、ウクライナ人、ベラルーシ人は、共に歴史的に三位一体のロシア民族としています。しかし、戦争の現場では、このような民族浄化を図っているのも実態です。

加えて、ウクライナの子供たちをロシアに強制移送し、再教育することにも執着しています。非ロシア人のロシア化であり、ウクライナのロシア化です。

さらには中央アジアや辺境地域、ウラル山脈以東の共和国の若い連中を、親に金を渡して前線に送り出し、ディスポーザブル部隊として突撃させています。ロシアの平均給与は月一〇万円程度ですが、兵士には三〇万円程度が支払われるようです。貧しい親たちは同意してしまうのでしょう。

ロシアは、どんな気象条件でも、攻撃を続けるため、ウクライナはとても敵わない状況になっています。兵士の動員力という観点でも、ウクライナの三倍の人口をもつロシアが勝っています。ザルジニー総司令官が「もっと動員が必要だ」と訴えていたことに対し、ゼレンスキー大統領との間でいろいろと軋轢が生まれ、政軍関係が揉めてしまいました。

「新しい戦争」はリアルタイムで情報を常に把握し、止まることなく二四時間態勢でどうやって戦うか、という段階に来ています。そこにドローンや人工知能（AI）など無人の戦い方が組み込まれて、まさしく作戦の概念が完全に変わってしまいました。

時代遅れの固定観念ではもはや戦えません。僅か二年間でそのような時代になってしまったということを、われわれはきちんと認識しておかなければならないと思います。

武居　人命を軽視することは、冷戦終了後、われわれがずっと避け続けてきたことです。イラクに自衛隊を派遣したときにも国会の場で幾度も問題になり、政府は人的被害を出さないように細心の注意を払ってきました。それと真逆の行為を、ロシアは自国の軍隊に対しても、またウクライナ市民に対してもあえてやっているという現実を注意して見るべきだと思います。われわれはブチャの虐殺を決して忘れてはなりませんし、専制主義国や独裁国家に共通する特質と考えるべきです。

ロシアは人口が減っていますが、兵士の損耗をいといません。中国も人口が減っている中で、ウクライナの正面でロシアがやっている人海戦術を、同じようにやるのかどうかについては、よく分析する必要があると思います。

岩田「一人っ子政策」をとっているような国では、おそらくロシアのような戦法はとれないと思います。二〇二二年以降、習近平指導部による「ゼロコロナ」政策への不満を背景に、各地で若者らが抗議の意思を示す白い紙を掲げるなどして反発した、いわゆる「白紙運動」の抵抗に対し、あの習近平主席でさえ政策を中止せざるを得ませんでした。つまり、中国の人民の影響力の強さはロシアとはちょっと違っているわけです。中国はロシアのような人海突撃戦術はとれないと思います。

島田 彼らが進めようとしているのはＡＩを活用した知能化戦争です。中国は、「次世代ＡＩ発展計画」を策定し二〇三〇年までにＡＩ技術を世界最先端のレベルに引き上げようとしています。同時に、「軍民融合」政策によりＡＩの軍事利用を進め、知能化戦争により米軍に勝てる軍隊の建設を目指しているのです。一方で、日本は、ＡＩを含む先端技術力の分野で立ち遅れていることに加え、依然として軍事忌避の発想が抜けず、軍事技術と民生技術の間に壁があるのは非常に深刻だと思います。

岩田 そうですね。中国がめざしているのはドローンによる戦場の支配だと思います。二〇一八、九年以降、中国はドローンによる攻撃力を強化してきています。たとえばレイヤー戦術といって、最初に偵察用ドローンで、相手の弱点を見つけ、続いて電子戦ができるドローンを投入して相手のレーダー網や地対空迎撃網をつぶし、防空網の穴が開いたところに、今度は自爆ドローンを注ぎ込んで相手を倒すという戦法を作っているようです。そしてその戦法に適応できる多種の空中ドローンや、水中ドローンも製造しています。

もし台湾有事になったら、ロシアの人海突撃戦術の代わりに、何層にも役割分担をした大量のドローンをつぎ込んで、ドローン戦隊やドローン艦隊が突っ込んでくると思います。東シナ海上で、そのような戦いが行われるのではないでしょうか。

すでに「今日の東アジア」の問題

島田　戦後長らくの間、国際秩序を維持してきたのは、アメリカの圧倒的な軍事力だったことは否定のできない事実です。冷戦に勝利したアメリカに対して、当時、ロシアはもとより、中国にも、アメリカにチャレンジする力はありませんでした。アメリカは文字通り、唯一の超大国でした。

冷戦の終結により、イデオロギーの対立は終わったので、ロシア、中国を国際社会に取り込み、経済成長をすれば人々は豊かになり、豊かになった人々は民主化を志向するだろう。そして、経済の相互依存は世界を平和にするという考え方が広く共有されるようになりました。G7はロシアを加えてG8になり、中国が世界貿易機関（WTO）に加盟を果たし、まさに自由貿易の恩恵によってロシアも中国も経済的に大きくなったわけです。

しかし、前にも述べたように、イデオロギー対立は終焉しても、統治システムとしての権威主義は残ったのです。経済の相互依存は世界を平和にするという考え方は明らかな幻想でした。自由貿易の恩恵による経済成長は、中国共産党や権威主義国家の正統性を高める結果をもたらし、民主化とは逆行する方向に向かいました。そして、経済成長で得た潤沢な資金によって軍事大国化し、経済の相互依存を逆手に取って、輸入規制などの「経済的威圧」を行い、自身を深めた権威主義国家は、ついに自由で開かれた国際秩序に力で挑戦するようになったのです。

このような現状は、先進民主主義国の政策の失敗だったという面があります。そして、これだけ経済の相互依存が進んでしまうと、最早かつての冷戦時代にソ連に行ったような「封じ込め」政策はとれません。だからこそ今、経済安全保障が議論になっているのです。その意味では、経済安保の重要性が指摘されるのは、冷戦後の関与政策の失敗の産物とも言えると思います。

アメリカが内向き志向を強めているというのも大きな問題です。冷戦後の湾岸戦争を思い起こすと、クウェートはアメリカの同盟国ではなかったわけですが、そこにアメリカは五〇万人の兵を送ってクウェートからイラクを駆逐しました。しかし今回のウクライナについては、アメリカはロシアによる侵略の危険性を早い段階から再三警告していながら、他方で、侵略が開始される前に早々と「米軍の派兵はしない」と大統領自ら宣言し、侵略を止めることができませんでした。

このようなアメリカの力の相対的な低下と、世界の秩序維持に関与する意欲の低下は、トランプ政権から突然に始まったわけではなく、オバマ民主党政権時代からすでに顕在化していました。まさに「世界の警察官ではない」と言ったのはオバマ大統領本人です。この発言は、水面下で進展していた国際社会におけるアメリカの影響力の低下を世の中に鮮明に示すものとなりました。

もう一つ、ウクライナ侵略の結果として、ＮＡＴＯの結束が強化された点は広く認識されていると思います。これはプーチン大統領にとっては大きな誤算でした。数年前までは、アメリカのトランプ大統領がＮＡＴＯから脱退しようとして側近に押し止められたと報じられ、フランスのマクロン大統領が「ＮＡＴＯは脳死状態だ」と公に発言するなど、ＮＡＴＯの足並みは大きく乱れていました。しかし、現在、フィンランド、スウェーデンが加盟してパワーアップし、三二カ国で結束してロシア一国と対峙しています。

その反面で、わが国の周辺ではロシアと中国、北朝鮮との軍事的な連携が著しく強化されました。

二〇二二年には、習近平主席とプーチン大統領の首脳会談で、「中ロ友好に限界はなく、協力に聖域はない」との共同声明を出し、二〇二四年五月の首脳会談では、中ロ関係は「歴史上最良の時期を迎えている」として、防衛・軍事関係をさらに深化させる「新時代」を築くことで合意しています。わが国周辺で、わが国への威嚇をするような中ロの共同演習が繰り返されるようになりました。

北朝鮮は、人工衛星と称するミサイル発射を二度失敗した後、二〇二三年九月、金正恩委員長がプーチン大統領との首脳会談のためロシア極東の宇宙基地に行きました。まさに宇宙基地でプーチン大統領は記者から、「北朝鮮の人工衛星開発を支援するのか」と質問され、「そのためにわれわれはここにいるのだ」と言い放ったのです。国連安全保障理事会の常任理事国であるロシアが、安保理決議を踏みにじって北朝鮮のミサイル開発を公然と支援するようになった。極めつけは、二〇二四年六月、プーチン大統領が北朝鮮を訪問し、「包括的戦略パートナーシップ条約」を締結したことです。「どちらかの国が武力侵攻を受けた際、保有するすべての手段を用いて軍事的支援を提供する」と規定し、金正恩委員長は、「両国間の関係は同盟関係という高い水準にあがった」と宣言しました。すでに北朝鮮のミサイルの能力向上は著しい。核開発と相俟って、今後、わが国にとって一層重大かつ差し迫った脅威となっていくでしょう。

北朝鮮は弾道ミサイルの発射を繰り返していますが、ウクライナ侵攻以降は、国連安保理に北朝鮮への制裁強化の決議案を提出しても、中ロの拒否権発動により否決され、さらには、対北朝鮮制裁を監視する専門家パネルの任期延長さえも否決されています。

このような三カ国の軍事連携に対して、わが国の同盟国はアメリカだけです。欧州のロシア対NATO、つまり「一対三二」に対して、わが国にとっては、「中国、ロシア、北朝鮮」対「日米」、つまり「三対二」という構図が鮮明になっているのです。しかも、背後にあるイランとの軍事的な結びつきもさらに強固になっています。

ウクライナ侵攻がきっかけとなって、日本の置かれた安全保障環境は著しく悪化をしています。ウクライナ侵攻は遠いヨーロッパの出来事で、われわれの安全には直接の関係はないと思いがちです。岸田総理は、「今日のウクライナは明日の東アジアかもしれない」と発言されていますが、すでに「今日の東アジア」において、われわれの安全に関わる大きな影響が出ていることを認識しておく必要があると思います。

また、西側諸国を中心としてロシアに対して、「DIME+T」の考え方に沿って、極めて厳しく大規模な経済制裁を科しています。しかし、それでもロシアの兵器生産を止められないどころか、増産を止められないのが現実です。考えてみれば、北朝鮮に対する経済制裁も、すでに何十年も行っているにもかかわらず、ミサイル・核開発をまったく止められていません。それどころか、北朝鮮の技術の進展は著しいものがあります。経済制裁では国際秩序を元に戻すことは困難であることを歴史が証明してしまったとも言えます。「力による一方的な現状変更」を押しとどめるためには、それが実現困難だと認識させる力、つまり抑止力を持つしかありません。すでに力を持ってしまった以上、その力を実際に行使させないことが重要です。抑止力の中核は防衛力なのです。

大陸国家・中国のＤＮＡ

武居　中国やロシアの領土拡張主義は、大陸という地理がそこに住む民族に対して衝動を与えているからだと思います。第二次大戦が終わってから、一方的な現状変更をしないことが戦後の国際的な基調であることは、世界の諸国が一応、納得しました。しかし、中国やロシアは歴史的に約束を破る国です。国際法を乱用したり一方的に解釈したりして、世界は大戦前の姿に戻ってしまいました。彼らは地理が民族に与える衝動と無関係ではいられないわけです。だから力があれば、外に向かって自ずと広がっていくのだと思います。

それは大陸国家の特徴だと言えます。自国の安全を高めるためには、国境を接する国々から侮られない規模の軍事力をもって国境線を固め、そして機会あるごとに国家の影響力を外側に広げる。国境線をより外側に広げることができれば安全はさらに高まります。こうして自国の影響圏、すなわち政治、経済、軍事の影響が及ぶ範囲を周辺に広げることにより、自国の安全を保つというのが大陸国の安全保障の考え方です。

中国やロシアは基本的に隣人を信じることがないために、対等な同盟を組むことはありません。おそらく中国が失敗したなと思うのは、北朝鮮と「同盟」を組んだことで北朝鮮に国際的な信頼や経済の面で足を引っ張られてしまっている。中国は後悔していると思いますね。

隣人を信じないという中国の姿勢が具体的にどのような形で現れているかと言えば、ジブチにある中国軍の基地を見るとわかります。ジブチの中国軍基地は中東やアフリカで中国軍が活動するための補給拠点となっています。ジブチには日本を始め西側の国々が基地を置いていますが、他の国々と違って、中国軍の基地は離れたところにあって分厚くかつ高い壁に覆われて外側から中を見ることができません。基地には戦闘装甲車も配備していると言われていると報道されています。

夷狄（いてき）からの侵入に備えてきた四〇〇〇年の中国の歴史が、民族の中にDNAとして染み込んでいるのですね。外国への強い不信感が払拭できないために、友好国ジブチの中に基地を置いても、あのような厚い高い壁を建設せざるを得ないのでしょう。

中国の外部への拡張は、テーブルの上に粘性の高いハチミツのようなものを置いたのと同じ状態に例えることができると思います。温度が高くなると溶け始めて、じわじわと周りに広がります。途中に構造物があるとそれを避け、低いところに向かって流れて行きます。低いところとは、すなわち政治的にも軍事的にもガバナンスの弱いところです。そこにどんどんと浸透し溜まっていくわけですね。しかし構造物には入り込めない。たとえば日米同盟のようにしっかり守られていたら、中には入ってこられないのです。また、中国は国力のあるうちは、粘性が低く周りに広がるのですが、国力がなくなってくると、ぐっと固まって小さくなります。周辺国にとって非常に困ったことは、流れてきたものを舐めてみたら、最初は甘かったが段々苦くなってくる。しかも常習性があってやめられない。それが「債務の罠」で、拭き取ろうと思ってもべたついて完全には拭き取れない。一度入り込んだら出て行かせられないようにするというのが、中国が一帯一路でやっていることだと思います。

大陸国家は外へ広がって、自国の安全を強化しようとする。その点がアメリカや日本のような海洋国と大きく違うところです。

大陸国家と海洋国家のせめぎ合い

武居　現在、中国の軍事力と経済力が増強され、それに比例してアメリカのヘゲモニー（覇権）が後ろに退いています。私はそれを「縮退している」と表現していますがアメリカ人には評判が悪いようです。中国が東方に向かって拡張するとき、日本はアメリカと中国のヘゲモニーがぶつかる境界線、あるいは両国のヘゲモニーの谷間にあって苦労しているという構図です。天気もそうですが寒気団と暖気団がぶつかる前線は天候が不安定で荒れた天気になる。中国がこれから急激に体力を落とすことはないと思うので、不安定な戦略情勢がだんだん常態化していき、アメリカは海外に対して従来のようなパワーを投射できなくなり、いずれアメリカの海外展開、海外関与は見直さざるを得なくなっていく。それがちょうど今の状況であって、次期米大統領が誰であれ、トランプ氏が言うような「アメリカ第一主義」が結果として現れてくるのは避けられないと思います。われわれは「アメリカ第一主義」は伝統的なアメリカのモンロー主義への回帰ではなく、新たな世界情勢に適応するための一つの過程であると捉えるべきです。ＮＡＴＯがウクライナ戦争を契機にして軍事力を強化し、かつ新しい加盟国を加えたのも、新しい世界情勢に対するＮＡＴＯの適応です。日本も否応なく新たな環境に適応していかなければならない。

ロシアや中国がどこまで前に出ていくか。大陸国家はふつうアメリカやイギリスのような海洋国家と違って海外に拠点を作りません。アメリカは自分の植民地、あるいは海外の交易国と自国を安全に結ぶために、ところどころに根拠地をつくって最低限の守りを固めながら、そのシーレーンを守ることで国力を伸ばしてきました。

しかし、大陸国家の中国もロシアも他国を信じることができない。じわじわと這うように国境線を広げていく。それを、どこで止めるのか。それを見極めるのが、新しい世界構造をつくっていく一つの目安になると思います。

許されないことですが、プーチン大統領はかつてのソ連の衛星国を取り戻そうとしているように見えます。ロシアはどこに新たな国境線や支配の及ぶ線を引こうとしているのか。ロシアと国境を接しているバルト三国は絶対にロシアの影響圏には入らないでしょう。フィンランドもスウェーデンもＮＡＴＯに加盟することでロシアを抑止しようとしている。あわせて欧州で動静を注視しなければならないのはハンガリーのオルバン政権のような新たな独裁国家の登場です。ハンガリーはＥＵの中でも極めて異質な存在になっています。ハンガリーに追従する国も現れており、そういう国々とトルコが新しい極を形成して、ロシアと西側が対立を深め、ＮＡＴＯの中に新しい政治勢力を作るかもしれません。

アジアであれば、中国がどこまで影響圏を伸ばすのかということを考えないといけない。日本はどのような世界構造が自国にとって最も好ましく、どうやって繁栄と平和と安定を維持していくかを考える必要があります。間違っても、海洋国家が大陸国家と結ぶことはありませんから、他の海洋国家とどのように手を結んで、関係を強化していくか。アメリカの国力が相対的に縮退していくのに反比例して、アジアにあるアメリカの同盟国からわが国への期待は間違いなく増大します。これらの国々とともに、ユーラシア大陸の東側で、大陸国家と海洋国家のバランス・オブ・パワーをどう維持していくか。今後の世界構造への影響が大きい分、わが国の役割はますます重要になっていると思います。

ヨーロッパは大陸国の集まりで国境線をめぐって戦争が続いてきました。これからロシアとの境界線をどこに引くか。ウクライナがロシアに奪われた地域を取り戻すのか、あきらめるのか、あるいはウクライナ全部がロシアの影響下に入るのを許容するのか。ウクライナ戦争はヨーロッパの地殻変動の始まりで、ひとつの通過点かもしれない。欧州はすでにウクライナの後のことを鳩首協議している状況なのではないかなと思います。ウクライナ戦争に一定のめどがついたとしても、戦争は形を変えながら続いていくのではないでしょうか。

島田　中国の拡張主義は過去とは違う局面に入っていると思います。戦後の一時期を除いて、ランドパワーである中国の背後をロシアが脅かし続けていたのだと思いますが、そのロシアが中国のジュニアパートナー化し、中国主導の軍事連携を深めている。その意味は非常に大きいと思います。

ランドパワーである中国が、背後の巨大な陸上勢力を気にすることなく海へ出て行くことが可能になり、シーパワーたるアメリカと対抗することが一層容易になってくる。ロシアが中国のジュニアパートナー化するということの地政学的な意味はそこにあるのではないかと思います。

一方で、伝統的なシーパワーたるアメリカの力が衰えているからといって、日本が共産党独裁の中国の勢力圏に入ることは、およそ許容できることではありません。アメリカは後ろに下がることができますが、日本には下がる場所はありません。日本列島で生きていくしかない以上、バランス・オブ・パワーの維持・回復は自らの問題として自らの力で実現する必要があります。国家安全保障戦略が、「国際関係における新たな均衡を、特にインド太平洋地域において実現する」と明記したのは、その決意の表れなのです。

自助努力に加え、同盟国、同志国との連携も極めて重要です。インド太平洋において、志を同じくする民主主義国家であって有力な海軍力を持っているのは、日米を除けば、オーストラリアとインドです。早い段階から、日米豪印によるクアッドを構想した安倍晋三元総理は先見の明がありました。日米豪印による海上演習「マラバール」の実現も、当時の安倍総理がインドのモディ首相を直接口説いて実現したものです。

中国の「核心的利益」

武居　私は最近ある会議に出席して、中国の言う「海洋国土」の持つ二律背反的な性格について改めて感じるところがありました。「海洋国土」は地理的な概念として「九段線」や「十段線」の内側を指しますが、中国は国土と同じ主権や主権的権利をこの海域で獲得しようとしています。もちろんそれは国連海洋法条約を曲解する行為で、全く根拠を欠くのですが、意に介さない中国は内側の支配を固め続けている。そして、海域全体に主権を主張し、経済的な権益と影響力を確保しようとする。南シナ海の岩礁に対する領有権の主張が良い例です。本土から離れるにつれて政策の重点やその濃淡は変わってきて、本土に近いところは主権、その次に経済、外交といったようにグラデーションを付けて権益を拡大しようとしています。中国が沖ノ鳥島の大陸棚を否定する理由は明らかに周辺の深海底に海底資源が存在するためで、中国の経済的な支配欲には際限がない。その一方で、中国には世界から尊敬されたい大国の面子があって、あろうことか同時に周辺国から尊敬を受けたいと考えている。セカンドトーマス礁からフィリピンを力ずくで追い出そうとしている中国に対して、尊敬しろというのは所詮無理な話です。

岩田　グラデーションを中国の言葉で言うと、第一列島線の中は「核心的利益」、第二列島線、つまり西太平洋の小笠原諸島からサイパン、グアム、パプアニューギニア以西は「核心」ではないけれども中国としては「利益」になると思います。中国的には〝中心的利益〟とでもいうのでしょうか。

そして、第三列島線をハワイからソロモン諸島につながるところに広げようとしている。それは〝周辺的利益〟とでも言うつもりなのかわかりませんが。

武居さんのおっしゃる通り、いまや西太平洋は完全に中国のものだといわんばかりです。習近平主席がオバマ大統領やトランプ大統領に対して、太平洋は両国を受け入れるのに十分な広さがあると言いましたが、まさに太平洋を折半しようという意思の表れです。それを実際にやることによって習氏が毛沢東を超えることになるというのでしょう。核心的利益中の核心である台湾を取ることはもちろんですが、グラデーションとしての〝中心的利益〟〝周辺的利益〟、そこまで取ることによって毛沢東を超えようとしているわけです。だから自分自身で憲法を変えて、三期目も四期目もやっていいという体制にしたのです。

武居　ところが台湾有事になっても尖閣諸島は取りにこないと言う人たちもいますね。

岩田　信じられませんよね。

武居　中国は二〇一三年四月、習近平主席の時代になってから「尖閣諸島は中国の核心的利益」だと言い始めています。その当時、外交部報道官だった華春瑩氏の記者会見を見ますと、華報道官は尖閣諸島について問われ、中国にとって絶対に譲歩できない国家的利益を指す「核心的利益」であると述べましたが、外交部がネットで開示した議事録では「核心的利益」の部分は削られている。言ってはみたものの日本がどのように反応するか見極めていたのかもしれません。それから一一年後のいまでは中国は隠すことなく尖閣諸島は核心的利益と言い、年間を通じて海警船を貼り付け日本漁船を追い回している。

岩田　新しくアメリカのインド太平洋軍司令官に就任したサミュエル・パパロ氏が、上院軍事委員会の公聴会で「仮に台湾情勢が力によって決着した場合、それで問題が終わるわけではない。尖閣諸島や南シナ海にも問題が及び、アメリカ領の北マリアナ連邦やグアムも直接的な脅威を受けることになる」と指摘しました。

武居　その通りですよ。

岩田　中国は必ず尖閣諸島を取りに来るのだという認識をインド太平洋軍司令官が持っていることは、それはそれで安心です。しかし、日本も同じ認識をもたなければならない。それがさらに大事です。

島田　中国のグラデーションがだんだん外側に向かって濃くなっていく。それは闇雲に拡張しているわけではなく、明確な戦略目標があってやっているのです。

二〇一三年に習近平主席がオバマ大統領に、「広大な太平洋には米中二大国を受け入れる十分な空間がある」と言った一〇年後、二〇二三年には、今度はバイデン大統領に対して「地球は米中両国を受け入れるのに十分大きい」と言いました。とうとう地球大になってきたわけです。そこまで中国は自信を持って来ているのです。

中国が「広大な太平洋は米中二カ国を受け入れる」云々と言った時は、米国の関係者は冗談だと思ったと述懐しています。しかし一〇年後の今、その通りになってしまいました。

「領海間近に実弾」は中国が初

武居　二〇二三年八月に中国は新しい標準地図というものを出してきました。わが国のメディアが注目したのが、ロシアとの間にある大ウスリー島のすべてを自分の領土に加えたことです。この意味は、二〇〇四年一〇月に胡錦濤前国家主席とプーチン大統領が国境線の画定に合意し、それから三年協議し、二〇〇八年七月に両国の外相が署名した領土を確定する文書を、習近平主席が一方的に反故にして、勝手に大ウスリー島を自分たちの領土にしたということです。

さらに、わが国の政府はその意味をあまり重視していないようですが、これまでの「九段線」から、「十段線」という一〇番目の線が台湾本島の東側にできたことです。過去に中国で発行された地図にはこの線がありましたが、標準地図に明記されました。中国のデジタル地図で一〇番目の線を拡大してみると、与那国島から約一二キロのところに線が引いてあるのがわかります。日本の領海の中に引かれているのですよ。ところがわが国政府はこれに対して、一切文句を言っていない。地図は中国の領土を表象するものではないとしても、南シナ海でわれわれが経験したように、いずれそこに中国の利権なり権益が広がる意図や可能性を表しているのだとしたら、「わが国の領海内一二キロのところにあるじゃないか」と文句を言うべきだったと思います。

岩田　中国の「十段線」もそうですが、日本政府がきちんと抗議しないのは問題です。序章でも述べましたが、重要なので繰り返させてください。二〇二二年、台湾を訪問したアメリカのペロシ下院議長が、台湾を離れた翌日の八月四日、中国は一一発のミサイルを台湾島の周りに撃ち込みました。四つの訓練区域に着弾しましたが、そのうち一発は、与那国島から八〇キロという近い距離に着弾しました。また、五発が日本の排他的経済水域（ＥＥＺ）内に着弾しました。そのうち一発は波照間島から一一〇キロという距離です。

このとき、日本政府はただちに国家安全保障会議（ＮＳＣ）も開かず、当時の森健良外務次官が中国の大使に電話で抗議をしただけでした。私が極めて問題だと思っているのは、外務次官が駐日大使に対してクレームをつけるというのでは、北朝鮮がミサイルを発射する度に行っている抗議と変わらないということです。このような極めて大きな事案でとるべき行動ではないのです。

歴史的に、中国が初めて日本の庭先に実弾を撃ち込んだのです。そのような深刻な事実は、外務次官が中国の駐日大使に文句を言うレベルの問題ではありません。日本国の主権が脅かされているわけですから。国家として最も強いレベル、態様で中国のトップに対して文句を言うべきものです。

岸田文雄総理が中国を名指しで批判したのは、それから三カ月たった一一月の東アジア首脳会議の場でした。一八カ国が参加する首脳会議で述べただけです。日本は主権侵害に対する、あるいは危機に対する対応がまったくとれていないと思います。

普通の国と国との関係のように、主権を脅かされたことに明確にクレームをつけることすらできない。中国に対してあまりに低姿勢で遠慮しすぎるのは日本の外交上、大問題だと思います。それがひいては中国の進出を加速させて、既成事実化されることにつながるのです。

島田　わが国領域に最も近いところに弾道ミサイルを撃ち込んだ国は中国であるということは認識しておく必要がありますね。ペロシ下院議長の訪台後に発射した弾道ミサイルは、わが国の与那国島からは八〇キロですが、わが国の領海からはさらに近く、わずか六〇キロという場所に撃ち込まれています。北朝鮮ですらこれほど近くには撃ち込んでいません。

武居　この視点は重要ですね。確かにその通りです。

島田　北朝鮮は何年にもわたり立て続けに弾道ミサイルを発射していますが、ここまで近いものはありません。さらに言うと、中国の弾道ミサイルは、たまたまこの地域に落ちたわけではありません。軍の報道官は記者会見で「すべて正確に目標に命中させた」と言っているわけですから、明らかにわが国近傍を狙って撃ち込んだ。故意なのです。

「サラミ・スライス」が続いている

岩田　日本のメディアはみな「日本のEEZ内に落下」と書いていましたね。しかし、単なる「落下」ではない。ミサイルを撃ち込まれたのです。メディアの危機意識が欠如していると、国民は正確な情報を知ることができません。

島田　現在、われわれの目がウクライナやパレスチナのガザに向いている間に、足元では着々と、中国の「サラミ・スライス戦術」が進んでいます。二〇二三年七月、尖閣諸島周辺の日本の排他的経済水域（EEZ）内に、中国のものと思われるブイが設置されていることを海上保安庁が発見しました。尖閣諸島の魚釣島から八〇キロの地点です。日本政府は抗議をしていると言っていますが、これは明らかに、「尖閣諸島周辺海域の管轄権は中国にある」との独自の主張に基づいて既成事実化を図るものであり、わが国領土の侵食に向けてさらに歩を進めたものだと思います。

政府は「わが国のEEZで同意なく構築物を設置することは、国連海洋法条約（UNCLOS）上の規定に反する」（松野博一官房長官、当時）と主張してはいます。

しかし、撤去については「国際法上、明確な規定、実績がない」（上川陽子外相）との理由で決断できず抗議にとどめているのです。フィリピンは類似の事例に際して自ら中国の設置物を撤去しました。日本は国際法を守る点で優等生であることは良いのですが、「明確な規定がない、前例がない」といって違法行為を放置しておけば、国際法違反を行う側の一方的なやり得になってしまいます。相手が過去に前例のないグレーゾーン戦術をとってきた場合には手も足も出ないと白状しているかのようです。明確な規定がないということは明確に禁止もされていないということです。自ら新たな前例を作る覚悟がなければグレーゾーン戦術による現状変更には対処できない。必要なのは前例ではなく国を守る覚悟でしょう。

加えて、二〇二四年に入ってから尖閣諸島周辺の日本領空を飛行する自衛隊機に対して、中国の海警局の船が「中国領空」からの退去を要求するようになったと報じられています。事実であれば、これも明らかに「サラミ・スライス戦術」が一歩進んだ実例です。一つ一つの戦術的変化を見逃せば、着々と既成事実が積み上がり、いずれ大きな戦略的損失を被ることになります。

武居　中国の海警局の船が、日本の航空機は出ていけと威嚇していますが、報道を見るかぎりは飛行機の種類は哨戒機でした。そうなのですか。

島田　尖閣諸島周辺を恒常的に飛行している自衛隊機であれば、海自の哨戒機であろうと思います。

武居　仮にそれが哨戒機であっても、水上レーダーには映りにくい。だから海警局の船が航空目標を探知できるレーダーを積んでいるのかなと、報道を見てそう思いました。ジェーン年鑑を見ると、中国海軍が最新の０５６型コルベット二二隻を海警局に転用するとき対空・対水上捜索用レーダーを残していますし、そのほかにも一五隻強が同種のレーダーを装備している。つまり、海警局が対空捜索能力を持つ時代になった。一方、日本の海上保安庁はどうかというと、基本的に対空捜索用レーダーは持っていません。海警局の船の軍事化が装備面でもどんどん進み、海保巡視船と能力差が拡大していることを強く感じました。

島田　まさに軍艦を転用した、もしくは軍艦と同様のスペックの船が増えています。かつて海警船は砲も装備していませんでしたが、尖閣諸島の領海侵入を行う数隻のうち一隻が砲を装備するようになり、ついに、二〇二四年六月には、領海侵入した船すべてが砲を装備していた模様です。海警局の指揮系統は国務院から外れて、中央軍事委員会の隷下に入ったので、装備だけでなく、指揮系統においても、オペレーションにおいても、軍事化が進んでいると言えます。

中国にとっての平和的共存

岩田　そういう認識が、日本は低いですよね。
島田　彼らは本当に長い時間感覚で、確実に実現してきています。
岩田　おっしゃる通りです。「接近阻止・領域拒否（Ａ２／ＡＤ）戦略」をもとに、とくに中国海軍の増勢は凄まじい。中国は二〇〇八年に初めて三隻の軍艦が太平洋に出ました。それまで中国海軍は太平洋にも出られないちっぽけな海軍だったのです。そしてそれからわずか一〇年間に中国海軍は大艦隊になりました。二〇二二年には四三回、二〇二三年には三六回も太平洋に出てくる大艦隊をつくりあげたのです。ＢＢＣの報道によれば主要艦艇数では、すでにアメリカの二九六隻を抜いて三四八隻保有（二〇二一年）しています。米国防総省の「中国軍事情勢報告（二〇二二年）」によれば、二〇三五年には、四三五隻に迫る勢いです。まさに太平洋を手中に収めるための大海軍力の増強を実現していますが、対する米国の艦艇建造計画では、二〇四五年に至っても三五〇隻という大差です（二〇二二年度米海軍運営計画）。
　さらにはＡ２／ＡＤ戦略を確実にするための第一列島線、第二列島線、第三列島線に対するミサイル攻撃能力を着々と高めています。二〇二三年の米国防総省の報告では、巡航ミサイルも含めると二八〇〇発を保持しています。これも、対する米国は、射程三〇〇〜五五〇〇キロメートルの弾道ミサイルを一発も保有していないので、二八〇〇対〇という戦力差です。

去る五月三日に退任したアクイリノ米インド太平洋軍司令官は、三月二〇日・二一日の米上下院議会軍事委員会において、次のような危機感を示しています。「中国は三年以内に台湾を侵略する準備ができている」「経済成長が鈍化するなかでも、中国は軍備拡張と近代化のために積極的な投資を続け、自治権を持つ台湾を威圧するグレーゾーン作戦を続けている。こうしたことはすべて人民解放軍が、二〇二七年までに台湾侵攻の準備を終えるという中国共産党習近平総書記の指示に従うことを示唆している」。加えて、彼が司令官として勤務した三年間における中国軍の増強に関しては、「四〇〇機以上の戦闘機と二〇隻の主要な軍艦を追加し、弾道ミサイルと巡航ミサイルの在庫を倍増させ、人工衛星を五〇％増加させた」。その中でも、特に「おそらく最も懸念されるのは、中国の核弾頭在庫の急速な増加であり、その在庫は二〇二〇年以降二倍以上に増加している」という危機認識は重要な意味を持ちます。

中国は西太平洋を勢力圏に収めて、米軍を寄せつけない戦力や体制を確実に整えると同時に、それを地球規模まで拡大しようとしているわけで、アメリカの覇権に挑戦しようという中国の意図がありありと窺えます。

武居　われわれは不確実性に備えなければいけません。

中国にとっての「平和的共存」とは、彼らの冊封体制に入ることです。中国が今行っていることがまさにそれを示しています。ジュニアパートナーをどんどんつくって「我に従え」という形ですね。一方、アメリカの場合は中国とは違って、価値観を共有したら平和的共存ができるというものです。アメリカは価値観を中国にも押しつけようとしましたが、それはうまくいきませんでした。

中国が強制力をもって行う「平和的共存」と、アメリカが価値観をもって行う「平和的共存」は相容れません。アメリカと中国が衝突を回避しようとすれば、冷戦期とは違った目的で便宜的な平和的共存を目指していくことが精一杯ではないでしょうか。

困難なのは、二つの異なった平和的共存がかぶさっているその中に日本がいるということです。ＡＳＥＡＮ（東南アジア諸国連合）の国々も同じです。中国の冊封体制には入りたくないけれど、アメリカは頼りにならなくなっていく。日本のような国はどうすればいいのか。

おそらく答えは二つあり、一つはアメリカの力を補完し強化すると同時に、万が一のときに備えて自助努力で防衛力を強化していくことです。核抑止についても、思考停止に陥ることなく、あらゆる制約を廃して検討し、新たな戦略環境に最適なオプションを考えていかなければならない。

二つ目はアメリカとともに台湾海峡を現状維持してくことです。アメリカと台湾の有識者の多くは中国が台湾に侵攻する可能性を否定していません。われわれは台湾海峡危機が先島諸島などに波及してくる事態だけを考えがちですが、仮に日米が台湾防衛に失敗し台湾が中国の手に落ちたら東アジアの戦略情勢はどのようになるのか考えなければならない。そこには中国の覇権が地域全体に及ぶ、今とは全く違った世界が現れ、世界経済を牽引している南シナ海は中国の海となって、日本は中国の新たな冊封体制の中で生きるようになる。

ウクライナが負けたら、次は台湾海峡の現状変更が始まる、だからウクライナを支援しなければいけない。それはそれで正しいのですが、台湾の持つ大きく重い戦略的価値を考えれば、一歩進んで日本は米台とともに台湾有事を起こさない体制を真剣に作っていかなければならない。日本はアメリカや中国のような大国にはなることはできません。しかし、地域情勢を左右する重要な役割（pivotal role）を担うことができる。この点は強く意識する必要があると思います。

第二章　ウクライナ戦争に学ばない日本

NATOがロシアに敗れた

岩田　アメリカのシンクタンク「戦争研究所」が二〇二三年一二月一四日に出した「敗北するウクライナの高い代償」という報告書ではこう強調されていました。

「ロシアがウクライナでの戦争に勝つのを許すことは、米国にとって自らに課した戦略的敗北となるだろう。これは、米国に、より高いエスカレーションリスクとより高いコストを伴う、ヨーロッパでの新たな戦争の真のリスクに直面することになる」

どちらかと言えば、これはアメリカ政府にもの申す内容です。

戦争研究所が言いたかったことは、共和党に足を引っ張られてウクライナ支援が止まるような状況を続けていると、プーチン大統領は今後、大統領任期の六年間をかけて、間違いなく領土を拡大するということです。それは北大西洋条約機構（NATO）全体に脅威を及ぼすことになり、プーチン大統領の侵略に備えて、アメリカは東欧に大規模な陸上戦力を配置し、欧州にステルス航空機を多数配備する必要に迫られる。それは結局、莫大な金がかかる。だから今こそ最大限の支援の努力をすべきだというのがその主張です。

この重要な点は、ゼレンスキー大統領がずっと言い続けていることと同じです。すなわち、ウクライナ戦争は民主主義と権威主義との戦いだと認識すべきであるということです。

アジア地域における主義と主義との戦いにおいて、第一線に立っているのは日本です。その意味で日本はもっとこのウクライナ戦争の当事者として動かなければならないのです。ウクライナは、日本は経済的な支援をしてくれていると評価していると思いますが、ウクライナを対岸の火事とせず、ウクライナが、最も強く欲している防空装備や弾薬の供与など、より積極的に協力を進めて行く必要があります。

二〇二四年三月一二日のCNN報道によれば、ロシアは、月間約二五万発の砲弾を生産しており、年間では約三〇〇万発に上ります。一方、欧州の情報当局高官がCNNに明らかにしたところによると、米国と欧州のウクライナ向け生産能力は合計で年間約一二〇万発にとどまる状況です。米軍は二〇二五年末までに月間一〇万発を生産する目標を掲げていますが、米国防総省筋（Colby Badhwar 2024.2.5）の発表でも、二〇二四年の最終半期における一五五ミリ榴弾砲は、月産五万七〇〇〇発（年間六八万四〇〇〇発）レベルとなっています。これはロシアの月間生産量の半分にも届かない厳しい状況です。したがって、いくら経済制裁をしても、ロシアはそれに負けないぐらいの戦時増産体制を維持しつつ、じわじわと盛り返しているわけです。

今の状況だけを見れば、一〇年先はどうかわかりませんが、少なくとも向こう数年ぐらいは、時が経てば経つほどロシアが有利な状況になることを、われわれは考えておかなければなりません。

島田　二〇二三年の半ばくらいからウクライナの反転攻勢が始まりましたが、これは事前の評価に反して大きな失敗に終わりました。二〇二四年二月に解任されたザルジニー総司令官は西側のインタビューの中でいろいろなことを語っていましたが、実は語られてないことがあるのではないかと思います。

アメリカをはじめとするNATO諸国はウクライナに物資支援をするだけではなく、情報支援も行い、反転攻勢の具体的な作戦についても明らかにコミットしてきました。実際に戦場に立つのはウクライナ兵ですが、事実上、これはNATOとの共同作戦と言っていいと思います。それが頓挫をしたということは、ロシアに対してNATOが敗れた、という評価もできるのではないでしょうか。そうであれば、これはかなり深刻なことではないかと思うのです。そのあたりについては、どう思われますか。

岩田　私はそのように評価しても間違いではないと思います。

欧米の責任

島田　そのようにはっきり言う人は、あまりいないようですが。

岩田　あまりいませんが、確かにおっしゃる通りなのですよ。

　ウクライナ軍は二〇一〇年後半からＮＡＴＯの戦い方を採り入れる中で、それを理解した将校たちを起用してきました。西側の戦い方を訓練して、慣れてきた者を前線に投入したりしてきたのです。ウクライナ軍は大きな戦略も含めて、ＮＡＴＯ軍と米軍の言うことをかなり聞いてきたと言えます。

　しかしその間に、葛藤が何回もあったようです。ウクライナ軍は、南部ザポリージャ州の中心都市メリトポリに「主力を集中すべき」とのＮＡＴＯ軍の意見に対して、「東部も大事だ」と主張して、ドネツク州バフムト正面にも多くの戦力を投入しました。それに対して欧米は「戦力の分散だ」と批判したのですが、ウクライナ軍は方針を変えませんでした。

　逆にＮＡＴＯ軍は、ウクライナ軍にドイツの主力戦車レオパルトなどを始めとする主要な兵器を供与して、ＮＡＴＯ軍式の戦術で戦わせました。二三年六月上旬に攻撃を開始し、ある程度はロシア軍陣地を突破して領土を奪回したものの、その後は、常識を超えたロシア軍の地雷原や陣地構築に阻まれ、攻撃がとん挫してしまいました。

二〇二三年一一月一日の『エコノミスト』でウクライナ軍のザルジニー総司令官（当時）は「攻撃の当初の段階で、もはや勝てないと思った」と言っています。そこでウクライナ軍自ら戦法を編み出し、十数名単位の小さな部隊で、夜間にロシア軍地雷原を処理する攻撃に切り替えました。しかし、それでも結果は、ご承知のとおり、二三年秋ごろにはウクライナ軍の攻勢作戦の失敗が明らかになりました。

すべてNATO軍のせいだとは言いませんが、それくらいヨーロッパは戦闘にコミットしてきたのです。

私はウクライナ軍と一緒にやってきたNATO軍の戦術が間違っていたとは、他人事のように非難できないと思います。想像を超えたロシア軍の地雷の数や地雷原・陣地の構成、そしてそれらを駆使した防御要領を、ウクライナが見破れなかったことが一つの敗因でしょう。この陣地構築には、ロシアの建設業者が前線まで駆り出され、加えて先ほど述べたように、中国から供与された掘削機も力を貸しています。

もう一つの敗因は、ウクライナとしては、NATO軍等から供与された兵器や、NATO方式の戦術にウクライナ軍を習熟させるためには時間が必要です。しかし一方で、時間が経てば経つほど、ロシア軍陣地が強固に構築されていくスピードとのバランスに苦悩したのだと思います。結果的に、二三年六月上旬に攻撃を開始しましたが、それがもっと早かったとしても、ウクライナ軍の訓練習熟度がより低かったと思いますし、またさらに遅い時期に攻撃を開始していたなら、ロシア軍陣地がより強固に準備されていたでしょうから、結局、この攻撃は成功していなかったと推測します。

ではどうすれば良かったのかと言えば、あれだけウクライナが「一刻も早く、防空ミサイルを、戦車を、そしてF－16戦闘機をくれ」と要望した時点で欧米が武器・弾薬の供与に踏み切っていれば、南部ザポリージャ州は奪回できていたかもしれません。欧米にも責任があると私は思います。

「領土をあきらめろ」

岩田　ウクライナの今後の趨勢を見たときに、その欧米の支援疲れもあって、二〇二三年一〇月くらいから、NATOを含めて和平の模索が始まっていました。米NBCニュース（一一月三日）は、欧米諸国の政府高官がロシアとの和平交渉の可能性について、ウクライナ政府と水面下で協議を始めたと報じています。米当局者によれば、これは一〇月に五〇カ国以上が参加して開かれたウクライナ支援国会合の場において、ウクライナに対して何を譲歩させるかが話し合われたということです。
加えて、NATOと米軍、ウクライナのトップクラスが二三年一二月に会合をもったときに、米軍の将官がウクライナに対して、ロシアに取られた二〇％の領土はあきらめろ、その代わり、これ以上負けないようにウクライナを支援し続ける、と伝えたと、ニューヨーク・タイムズが二三年一二月一一日に報道しました。つまり、ウクライナが、戦略的な敗北にならないように、引き続きウクライナには武器等の支援は続けるという意味なのでしょう。この戦略的敗北を避けるというのは、これ以上領土を占領させない、ということと、守ってばかりではなく、たとえば、クリミア半島の軍事やインフラ等の戦略目標に対するミサイルとドローン攻撃は支援するし、できるのだから、それをもってウクライナが、負けにはならないのだ、ということが相談されたと推測できます。その当時は、欧米は完全に引き始めていたと言えるでしょう。

さらに欧州外交評議会が、一二のEU加盟国の約一万七〇〇〇人を対象に実施した世論調査を二〇二四年二月に発表しましたが、その中で、ウクライナ戦争の「終わり方として最も考えられるものは何か」という問いがありました。結果として、「ウクライナの勝利」と答えたのは一〇%、「ロシアの勝利」が二〇%、そして最も多かった回答が、「ウクライナとロシアの交渉」すなわちどこかの領土線で妥協して停戦するというのが三七%という結果です。

このように、欧米にはもう勝つのは無理だというムードが高まり、自ら、力による現状変更は絶対に許さないという原則をあきらめようという意識が民主主義国の間に生まれています。

一方で、米戦争研究所の二〇二三年一二月一四日のレポートのように、現状の境線において停戦に持ち込まれた場合、民主主義国の敗北を意味し、今後の世界秩序に重大な影響を及ぼすと警鐘を鳴らす意見も多くあります。そのような中で、米欧州軍・カボリ司令官の、二〇二四年四月一〇日米下院軍事委員会公聴会における、「米国が支援を続けなければ、ウクライナはごく短期間に弾薬や防空ミサイルを使い果たす」との意見や、米中央情報局（ＣＩＡ）のバーンズ長官の二〇二四年四月一八日の「米国が軍事支援をしなければ、ウクライナは、年末までに敗北する危険性が非常に高い」との強い警告は、これまでウクライナ支援を抑えてきたトランプ前大統領の認識を少しは変えたのかもしれません。四月一八日に、「ウクライナの存続と強さは、われわれよりも欧州にとってははるかに重要であるはずだが、われわれにとっても重要だ」として、ウクライナの存続が米国の重要な安全保障上の利益であることをトランプ氏が初めて認めました。これで、これまで約半年の間、停止されていたウクライナへの支援法案が、四月二〇日、米下院において六一〇億ドル（約九兆四三〇〇億円）相当で可決され、上院においても四月二三日に可決しています。

これで何とか、ウクライナは、当面の敗北を免れたという状況ですが、まさに今、「どうしようもない分かれ目」にきているにもかかわらず、アメリカをはじめとする国は自分のことが大事といった風潮で、すでに主義主張の戦いに負けてもやむを得ないというのが現状のようです。

この点を、日本もよく認識する必要があると思います。台湾統一を進める中国の威圧を誰も押し返せないという状況が近づいている中で、これでいいのかというのが私の強い思いです。

島田　ウクライナに対しては、停戦圧力が陰に陽にあるのだろうと思います。しかし現状のまま停戦したとしても、ロシアが約束を守るとは考えられません。

ＮＡＴＯや西側諸国が停戦を求めるのは、第二次世界大戦前、ヒトラーにチェコスロバキアのズデーテン地方の割譲を認めたミュンヘン協定と同じ轍を踏むことになるとの指摘があります。ミュンヘン協定を結んだのは宥和政策の失敗の典型だと言われていますが、それがわかっていながら、とりあえず当面を凌ぐために停戦させるのは、歴史を顧みないものだとの指摘です。停戦がロシアの態勢の立て直しの時間になり、いずれ、侵攻を再開した時に、より大きな犠牲を被ることになっては元も子もありません。停戦の意義が問われます。同時に、ロシアに取られた領土をあきらめることは、法の支配に基づく国際秩序を守る勢力が、力による一方的な現状変更勢力に敗れるということを意味します。これを是認することになります。

他方で、核兵器保有国であるロシアとの戦争を、ロシアの敗北で終わらせることも、また難しい。圧倒的な西側の力でウクライナからロシアを駆逐できない背景には、ロシアの核使用に対する恐れがあります。核兵器保有国に対しては、通常兵力であっても徹底的に戦うことをアメリカは許容しない。これは中国にとって大きな教訓になったでしょう。

中国は近い将来、一〇年後にも、アメリカ、ロシア並みの核保有国になると見積もられています。中国がそうなったときには、アメリカは本気で中国による台湾への武力侵攻に立ち向かうことはない、そういうメッセージを習近平主席が受け取ってしまったのではないかと危惧します。

日本政府は欧米と完全と言って良いほど足並みをそろえていますが、戦争のエンド・ステートをどのように見据えているのかは気になります。日本と欧米では置かれている戦略環境が違います。岸田総理は、「今日のウクライナは明日の東アジアかもしれない」と繰り返していますが、勝たせてもらえないウクライナを見ると、この言葉からは別の意味も浮かび上がってきます。

プーチンを見誤った日本の有識者

岩田　プーチン大統領は絶対に戦争をあきらめないと思います。二〇二三年一二月一四日にプーチン大統領は恒例の記者会見を二年ぶりに開きました。そのとき、彼は「ロシアが目標を達成すればウクライナに平和が訪れる。ウクライナの非ナチ化や非軍事化などは依然として重要だ」と述べて、ウクライナの併合までは戦争は継続するという考えを示しました。プーチン大統領は二〇二一年七月に発表した論文で、「東スラブ民族は一体であり、ウクライナはロシアなのだ。東スラブ民族としてウクライナはロシアなしでは生きられない」と主張しましたが、その考え方が透徹しているのです。

それは習近平主席も同じです。二〇二三年一一月にサンフランシスコでバイデン大統領と会談をしたときに最後に彼が言ったことは、「中国は台湾を統一する。これは必然だ」ということです。台湾統一という目標を絶対に譲りませんでした。

まさに今、民主主義国が連帯を弱めれば、二〇二二年二月二四日のウクライナ侵攻と同じ状況になってしまいます。ブリンケン国務長官もバーンズＣＩＡ（中央情報局）長官も「習近平主席の意思を見誤ってはいけない」と言っています。その意思とは、習近平主席は台湾統一を絶対にあきらめないぞということです。

島田　まったくその通りです。二〇二二年二月二四日、ロシアはウクライナに侵攻を開始したわけですが、その直前までウクライナとの国境地帯に大部隊を集結させ、ベラルーシで大規模な軍事演習を行っており、マスコミも連日報道していました。そこには多くの有識者といわれる方々が登場していたのですが、プーチン大統領が本当にウクライナに武力侵攻すると言った人は、私の記憶では一人もいません。あらゆる専門家がロシアの意思を見誤ったことを忘れてはいけません。

権威主義国家の意思とは、詰まるところ、ロシアの場合はプーチン大統領の意思であり、中国の場合は習近平主席の意思です。これは外部から窺い知ることができません。そして、われわれの常識では推し量れません。

われわれに必要なことは、自らの周囲にある脅威を抑止できる能力と意思を、しっかりと持つことです。同盟国とはいえ他国であるアメリカに一方的に依存するのではなく、自ら必要な能力を持つ。そして、必要なときにはそれを使うのだという確固たる意思を持っていなければならないと思います。そうでなければ日米同盟も機能しません。

抑止が敗れ、相手が力による一方的な現状変更を始めても、それを阻止し、その目的を実現させないだけの力を持つことが重要であり、違法な企ては必ず失敗する、と相手に認識させることが必要不可欠です。

二〇二二年の「国家安全保障戦略」の中で、「国際社会の主要なアクターとして、同盟国・同志国等と連携し、国際関係における新たな均衡を、特にインド太平洋地域において実現する。それにより、特定の国家が一方的な現状変更を容易に行い得る状況となることを防ぎ、安定的で予見可能性が高く、法の支配に基づく自由で開かれた国際秩序を強化する」と述べたことは、非常に大きな意味があると思います。日本はこれまで、アメリカがつくった国際秩序の受益者、消費者という側面が強かった。言葉を換えればぶら下がっていたのです。しかし今後は、国際秩序を支える側に立つ、と宣言したのです。これを早期にあらゆる手段を使って具体化する必要があります。その中核となるのは、中国に力による一方的な現状変更をさせないだけの抑止力を持つことです。わが国の取り組みが、地域の平和と安定を保つ上で死活的に重要になります。

日米同盟を強化することは大事ですが、他の同志国との関係もさらに強化しなければならない。その一つに装備移転があります。これは「新たな均衡」を実現する上で非常に大きな手段であり、遅滞することは許されないと思います。

さらに同志国との関係を強化していこうとすると、「守り合う」関係にならなければなりません。そのとき現行憲法は大きな足枷になります。国際秩序が百年に一度という歴史的な転換期を迎え、大きく変動していく中で、志を同じくする国々との間で協力関係を深めていく。そのためには憲法改正は避けて通れない本質的な課題となると思います。

反撃能力も継戦能力もないウクライナ

岩田　中国やロシアといった権威主義国をいかにして抑止するか。島田さんがおっしゃったように、一つは民主主義国が団結して、力で現状を変更することは許さないという意志の強さ。もう一つはそれを見誤って権威主義国が攻撃してきたときに確実に対抗できる能力。この二つを持つことが非常に大事です。

ウクライナの場合は、もともと戦う意志をずっと示してきませんでした。二〇二一年の夏以降、アメリカやイギリスから「プーチン大統領は本気でウクライナに侵攻しようとしている」と何度も警告されてきたけれども、ゼレンスキー大統領もレズニコフ国防大臣（当時）も「脅威はそれほど感じない」と述べて、無視してきました。BBCが二〇二二年一月二八日に報じた、米ウ両大統領間の電話協議の内容を見ると、バイデン大統領は、ゼレンスキー大統領に対し、「ロシアが二月にウクライナに侵攻する確かな可能性があると何カ月も前から警告してきた」としているものの、当のゼレンスキー大統領は、バイデン大統領とは、「緊張緩和に向けた最近の外交努力について話し合った」だけだと答えています。要するに、ゼレンスキー大統領が、戦う意志を示さなかったわけです。だからプーチン大統領や大統領の取り巻きたちに、「ウクライナに侵攻しても大丈夫だ」と思わせてしまいました。やはり、戦う意志を示す、相手を抑止することが大事だと思うのです。

それを同盟国や同志国の集団として示すことができれば、おそらく過信と誤算に基づいて習近平主席が侵攻を決断することはないと思います。ですから、日本とアメリカ、台湾、フィリピンも含めて、民主主義国連合に攻撃を仕掛けてきたら「中国は痛い目に遭うことになるぞ」という意志と能力を見せつけなければいけない。

能力という観点で言うと、ウクライナ一国に限れば反撃能力のみならず、継戦能力をまったく持っていませんでした。だからウクライナは今、ヨーロッパ諸国やアメリカに頼んで、合弁会社のような兵器の共同生産企業体を作っています。アメリカとかヨーロッパの企業を誘致して、ウクライナの国内で一緒になって兵器を製造しようとしているのです。

ウクライナは二〇二四年中に二〇〇万機以上のドローンを調達することをめざして

いますが、その半分は国内で生産するという計画を策定しました。二年でも三年でも戦えるぞという能力をウクライナが持てば、プーチン大統領も躊躇すると思います。

　われわれ日本も、継続的に国内である程度の装備品が造れる体制をとることによって、継戦能力があることを見せつければ、抑止力が高まります。

島田　そういう意味で、一日も早く「国家安全保障戦略」をはじめとする戦略三文書の内容を具体化し、防衛力の抜本的強化を実現しなければならない。答えはそれに尽きるのではないでしょうか。

一石三鳥の装備移転

岩田　しかし政治の動きは鈍いのです。

「国家安全保障戦略」の中で、装備移転に関して「防衛装備品の海外への移転は、特にインド太平洋地域における平和と安定のために、力による一方的な現状変更を抑止して、我が国にとって望ましい安全保障環境の創出や、国際法に違反する侵略や武力の行使又は武力による威嚇を受けている国への支援等のための重要な政策的な手段となる」と位置付けられました。

　長島昭久議員が二〇二四年二月の衆院予算委員会で岸田文雄総理に本件を質問して

います。次期戦闘機の第三国移転の必要性と議論の進め方についてどう思うかを尋ねたわけですが、総理は長々とありきたりの説明をしたあとで、「政府もこれまで同様に与党の合意を得るべく丁寧な説明を尽くしていかなければならない」と答えました。

長島議員の意図は、公明党とえんえんと協議しているが、今こそ総理が前面に出て説明すべきではないのかと、総理が率先するように促すことでした。しかし、総理はまったくわかってないのです。二〇二三年春から一〇カ月近くも与党内協議を行ったのにもかかわらず、結局、最後は公明党のトップ三人が「ダメだ」とちゃぶ台返しをしてしまいました。「与党内で丁寧な説明を尽くす」と述べるだけの総理の姿勢には本当に失望しました。

次期戦闘機の導入に関して、「もうタイムリミットが来ているのではないか」と質問したときも、「国際共同開発の完成品の第三国移転は与党との合意を得て進めていきたい。ご協力をお願いする」とだけ答えました。まるで他人事なのです。だれがだれに協力をお願いするというのでしょうか。それは総理ご自身がリーダーシップを発揮しなければならないことなのですよ。

長島議員は重ねて「安倍政権時代に、自分さえ良ければいいという一国平和主義ではなく、積極的に行動することによって国際平和に貢献する日本にしようという積極的平和主義を打ち出した。総理もそれを継承しているはずだから、しっかりやっていただきたい」という趣旨の指摘をされました。何をいつ決断すべきかわかっているのが、本当のリーダーであるはずです。結論も出さずに、長々と協議をやるだけで、日本は完成品を売れないとすれば、せっかくイギリス、イタリアと三カ国で戦闘機を造っても、得をするのはイタリアとイギリスだけです。

自民党と公明党は三月一五日になってやっと、イギリス、イタリアと共同開発する次期戦闘機の第三国への輸出を認めることで合意したわけですが、輸出の対象となる装備品と輸出先を限定し、案件ごとに与党協議を経て閣議決定するというのですね。

島田　第三国への輸出ができなければ、トータルの生産機数も少なくなって、機体単価が上昇します。イタリア、イギリスの負担が増えてしまう。そうなると、日本は国際的に組む相手としては不適との烙印を押されてしまうでしょう。

戦闘機のような主要な装備を、他国とイコール・パートナーとして開発をするのは、本邦始まって以来のプロジェクトです。それが成功するかどうかは、今後のわが国にとっても、ものすごく影響が大きい。

日米同盟は日本の安全保障の基軸ではありますが、日米同盟だけの一本足打法でいくのでは、これからの危機に対して立ち行かないかもしれない。そう考えたときに、イギリスをはじめとするいわゆる同志国との関係を強化していくことは極めて重要です。その大きなツールが装備移転だと思います。これからの変動する国際秩序の中で、日本が平和と安定を保っていく上で極めて重要な安全保障政策なのだという認識が必要でしょう。産業政策の視点だけで考えると判断を誤ると思います。

侵略を続けるロシアに対して、多くの国が厳しい制裁を科す中で、インドは明確な批判すら行っていませんが、その大きな理由の一つは、インド軍が装備の相当部分をロシアから導入しているからです。その比率は七割とも言われます。一度導入した装備の運用期間は数十年に及ぶので、装備を共有すれば、強固な関係はそれだけの期間続くのです。汎用品や民生品ではこうはいきません。

また、装備の高度化・高額化が進み、開発のコストやリスクが増大する中にあって、戦闘機を含む最先端装備を取得する上では、パートナー国と協力をして、資金・技術を分担する国際共同開発・生産がますます主流化しつつあります。同盟国・同志国との国際共同開発・生産への参加が困難となれば、いずれわが国が求める性能を有する装備品の取得・維持が困難となり、わが国の防衛に支障を来すことになるでしょう。

同盟国・同志国と共有することができれば、量産効果により価格低減も可能となり、わが国と移転先国でウィン・ウィンの関係となる。同時に、防衛産業基盤の維持・強化にも資する。一石三鳥の効果があるのです。

一片の大義もない日ウ会談

岩田　ウクライナに対しても支援できないでいますね。日本にはパトリオット・ミサイルをはじめ、防空装備を生産できる能力がありますが、政府が定めた防衛装備移転三原則の「運用指針」において輸出を認められた装備ではありません。完成品の形で輸出できるのは、「救難・輸送・警戒・監視・掃海」の五類型の装備に限定されています。

二〇二三年春からの与党調整では、この五類型も拡大する方向で議論が進んでいたわけです。自民党は当初、類型を撤廃し殺傷能力のある装備も輸出できる案を出していましたが、これまでの議論で、防空や海洋安全保障関連装備を拡大対象にしました。一方の公明党は、対象の拡大には応じていますが、教育訓練や地雷処理に止めるべきとしています。

装備を日本から直接、東南アジア諸国連合（ASEAN）各国に売ることができて、その数が増えるということは、結果的に日米豪、あるいは日米豪比という第一列島線のトータルとしての戦力が上がるわけです。加えて、その国の主力戦闘機を共同開発するということは、同盟に近い関係に強化されることになります。主力戦闘機は四〇年以上使い続けるわけですから、その間、英国、イタリアと離れられない関係に強化されることとなります。これらの関係強化は、台湾有事において、日米豪比英伊が同志国として連携することにつながります。それはひいては中国に対する抑止力が高まることにつながります。それなのに公明党の一国平和主義によって、それがなされないことになれば、第一列島線地域における抑止力を自ら下げてしまうことになります。一国のリーダーが公明党を説得できないとは、と憤激してしまいます。

島田　私は、日・ウクライナ防衛大臣会談に何度か同席しましたが、最初はウクライナへの侵攻が開始されてまだ間もない頃、キーウが度々攻撃され、余談を許さない時期でした。命がけでキーウに止まり、日本への装備支援を求めるレズニコフ国防大臣（当時）に対して、支援は難しいと述べる日本の説明には、一片の大義もない。そう強く感じました。あれほど辛い会談はありませんでした。

「紛争に加担しない」「日本製の武器が海外で使われ人を殺すようなことがあってはならない」というと聞こえは良いですが、その実態は、違法な侵略を受け、無辜の市民が虐殺されている国も助けない、ということです。それは結果として侵略国を助けることになり、法の支配ではなく、力の支配を認めることを意味することになります。

二〇二四年に自民党と公明党は一定の装備については第三国への輸出を認めましたが、すべて「現に戦闘が行われていると判断される国を除く」とされました。平素、抑止力の維持・強化を支援するための輸出は許されるけれど、不幸にして抑止が破れて侵略が開始され、市民が虐殺され始めた途端に支援を止めるということなのです。

二〇二二年にノーベル平和賞を受賞したウクライナの人権団体「市民自由センター」のオレクサンドラ・マトビチュク代表はこう語っています。「ウクライナの人びとは世界の誰よりも平和を望んでいる。だが、攻撃を受けている側が武器を置いても、平和が訪れることはない」そして「武器を使ってでも、法の支配を守る」。

法の支配に基づく国際秩序を守るために日本の装備が使われることを一律に排除するのでは、価値を共有する同盟国・同志国との連携強化の道を閉ざすことになりかねません。そして国際社会は相互主義が基本原則です。このままでは、いざという時に日本を支援してくれる国はなくなるかもしれません。

アクティブ・サイバー・ディフェンス

岩田　「国家安全保障戦略」では「サイバー安全保障分野での対応能力を欧米主要国と同等以上に向上させる」と述べ、その重要性が強調されています。

ウクライナが完全にロシアに負けていないのは、事前にロシアのインターネット空間に入ってロシア軍に流れているメールを読み、ロシアが何を企図し、何をしようとしているかある程度、手の内がわかっているからです。軍事専門家クラウゼヴィッツが言うところの「戦場の霧を晴らす」、孫子の兵法で言う「敵を知る」です。今回のウクライナ戦争でこれが極めて大切だということが改めてわかりました。

さらに、相手国からサイバー攻撃を受けたときに、いったいどこから攻撃しているのかを突きとめて、その攻撃の発信源に対して逆にサイバー反撃をかけて止める必要があります。こうした形を総合したものがアクティブ・サイバー・ディフェンスですね。これを行うには、相手が仕掛けているサイバー攻撃がどのようなものかを探るために敵のサーバーに入って行かなければいけません。これは必須の条件です。現在、自衛隊はサイバー防衛隊を強化しています。サイバー攻撃が発生した場合、被害の拡大を防止するために、「国家安全保障戦略」では「能動的サイバー防御を導入する」と述べています。

このときに問題となるのが、相手国のサーバーや通信機関に入ることは国内で不正アクセスにあたるとして禁止されていることです。しかしその解釈はおかしいわけです。国外からサイバー攻撃を仕掛けている者に対して防御しようとしているのに、国内法を適用するのですからおかしいでしょう。

　さらには、電気通信事業法によって、たとえばＮＴＴやソフトバンクなどの通信事業者に、「今、どんな攻撃があなたのところに行われていますか」と聞いてはいけないことになっています。通信の秘密を守るという考え方からですが、これも国内法を適用した閉鎖的な考えです。この二つをきちんと是正しなければいけない。

　こうした禁止の前提になっているのが「通信の秘密は、これを侵してはならない」と規定している憲法二一条です。通信の秘密の順守を定めているために、サイバー防御の最大のネックになっています。一方、憲法一三条では「生命、自由及び幸福追求に対する国民の権利については、公共の福祉に反しない限り、立法その他の国政の上で、最大の尊重を必要とする」とあります。つまり公共の福祉として、公共の秩序を保つためには例外規定を設けてもいいとされています。

　したがって政府がアクティブ・サイバー・ディフェンスを行うにあたり、憲法二一条と憲法一三条の関係を律しておく必要があります。この点、二〇二四年二月五日の衆院予算委員会において、内閣法制局は憲法解釈について見解を示しました。

　長島昭久議員の質問に内閣法制局長官が答えて、「通信の秘密」は「公共の福祉の観点から、必要やむを得ない限度で一定の制約に服すべき場合がある」としました。

見解はサイバー攻撃で国民に甚大な被害が発生する場合などを念頭に、通信の秘密より公共の福祉を優先する可能性があるとの考えを示したものです。やっと一歩前に進んだかと思いますが、不正アクセス禁止法、および電気通信事業法に関しての法改正はまだこれからです。

武居　平時はサイバー攻撃ができない。しかし、有事になったら国際法に基づいて自衛隊は行動する。これは無理がありますよね。たとえサイバー防衛隊がその技術力でもって、その時点からただちにサイバー攻撃を行うことができたとしても、実際に何を攻撃するのか、事前の偵察も必要です。さらに攻撃によって、どのような付随的被害が起きるのかも把握しておかなければならない。だから政府はサイバー攻撃を受けてすぐにサイバー反撃をしろと言えません。

たとえば発電所が複数あったとして、「この発電所をサイバー攻撃したら、その使用者の八割が軍だから、軍隊に対してダメージを与えることができる。しかし、こっちを攻撃したら、使用者の八割が一般国民だからこれはやめておこう」というように、一つ一つ分析をして、偵察をしておかないと実際にはサイバー攻撃はできないのです。平時からどのように攻撃するか偵察して準備しておかないと使えませんからね。

「欧米と同等以上」はどこへ

岩田　岸田総理が二月の衆議院本会議の答弁で、アクティブ・サイバー・ディフェンスに対して「わが国のサイバー対応能力を向上させることは急を要する課題だ」と述べた上で、「可能な限り早期に法案を示せるように検討を加速する」と言われました。しかし、その前に「現行法令との関係を含め、さまざまな観点から検討を要する事項が多岐にわたっている」と述べて、ただちにやるという姿勢を示しませんでした。

武居　先ほど岩田さんも指摘されたように、国内に対するサイバー攻撃は国内法の規制にかかるかもしれないですが、外国に対するサイバー攻撃はアクティブ・サイバー・ディフェンスですから、国内法令はあまり関係しません。しかし国内法的に縛られて外国に対してもそれができないのだと、自縄自縛の状態になっています。それが考え方の現状なのではないかと思います。

岩田　二〇二四年二月五日付の読売新聞に、二〇二〇年夏にポール・ナカソネ・NSA（米国家安全保障局）長官が来日して、日本政府に対して、「日本の在外公館のネットワークが中国に見られている」と警告したと報じられました。アメリカが調べたところ、外務省の公電が中国に読み取られている形跡を確認した、と。「日本は何やっているのだ」とアメリカから叱責されたというものです。これは二〇二〇年のことですよ。それからずっとアメリカに言われ続けていたにもかかわらず、なかなか前に進んでいない。
ＪＡＸＡ（宇宙航空研究開発機構）も、中枢のサーバーへのサイバー攻撃をかなりやられているそうですし、情報セキュリティのトレンド・マイクロ社が二〇二二年に、日本の電力、石油、ガス関連企業のセキュリティ対策に関わった人たちに調査したら、過去一年間にサイバー攻撃でシステム運用が中断したという回答が九割もあった。ここまで日本がやられているのに政府はいったい何をやっているのかと思います。

島田　官房長官は会見で、「サイバー攻撃により、外務省が保有する秘密情報が漏えいしたという事実は確認されていない」と述べ、読み取られていることを否定していました。セキュリティの維持と強化に向けて日々取り組んでいる、と言っています。

武居　建前上、否定しないといけないのではないですか（笑）。

岩田　実際に公電が読み取られていないのであれば、わざわざアメリカから警告は来ませんよね。外務省の公電が問題ないとすれば、ナカソネ氏は何を問題視したのか疑問が残りますね。

島田　読売新聞の報道より前に、ワシントン・ポスト紙が「中国軍のハッカーが不正アクセスにより、日本政府の防衛機密を扱うコンピューターシステムに侵入していた」と報じました。しかし、少なくとも、防衛省の秘密を扱うシステムに人民解放軍が侵入し、秘密情報が漏洩したことはないと理解しています。政府も否定しています。

武居　防衛省以外はみんな危ないと考えたほうがいいと思います。防衛省の次に強いのは経済産業省だと思います。自分のところのサイバー防護チームを持っています。

岩田　経産省は独立法人として自身の外郭団体にそれを持っていますね。ＪＡＸＡも、そのほか被害にあった企業も「機密は抜かれてない」と言っていますが。

島田　私の実感として、日米同盟は平和安全法制などの取り組みで大きく強化されてきていると思います。しかしサイバー・セキュリティ分野が依然として弱いのは間違いない。これから日米同盟をさらに強化していこうというとき、足枷になっているのがこの分野です。本当に機微な情報を共有しようとしたときに、アメリカと同等の強度のセキュリティがなければ、情報共有はできません。防衛省だけでは全く不十分です。日本政府全体で取り組む必要があります。だからこそ戦略三文書では、わが国として「サイバー安全保障分野での対応能力を欧米主要国と同等以上に向上させる」と明記したのです。「同等以上」とまで述べたことには驚きましたが、相当の決意表明です。これを実際にやらないと、「日本の決意とはその程度か」と、みくびられてしまい、かえって同盟国の信頼を損ないます。

アクティブ・サイバー・ディフェンスとの関係で言えば、「通信の秘密」は日本固有のものではなく、普遍的な価値であり基本的人権の一つです。日本国憲法はそもそも輸入品ですから、「通信の秘密を侵してはならない」と定めた二一条もやはり輸入品なのです。GHQ（連合国軍最高司令官総司令部）から示された憲法草案、いわゆる「マッカーサー草案」に入っていたものです。輸入元の欧米諸国がアクティブ・サイバー・ディフェンスを行っているのですから、通信の秘密に、公共の福祉による制約があるというのは常識です。日本だけできない理由はありません。内閣法制局長官が「公共の福祉による制約はあり得る」と答弁するのは当然のことなのです。

第三章　新しい戦争と日本

「弱い輪」が狙われる

島田　日米同盟を鎖に例えると、鎖は一個ずつの輪でできていますが、その一番弱い輪が、サイバー・セキュリティではないかと思います。鎖全体の強さは一個一個の輪の強度によって規定されます。つまり、一番弱い輪の強度がその鎖の強度になるということです。ですから一番弱いサイバー・セキュリティの強度を上げることがものすごく重要です。それが日米同盟全体の強化にもつながりますから。

岩田　サイバー関係で来日した米政府高官の一人が、日本に対して、同盟国全体で取り組まなければ、サイバー防衛での安全は保てない。しかし日本の対策は「トゥリトル・トゥレイト（Too little Too late）」、手遅れだと不満を漏らしたそうです。まったくその通りです。

武居　大きなウィーク・リンク（弱い輪）の部分はサイバーですが、他のところも弱いかもしれません。錨は全部リンクでつながっていますよね。海上自衛隊がどうやってその弱い部分を確かめているかというと、錨を引き上げるときに一個ずつリンクの健全性を確かめる専用のハンマーで叩くのです。内部にひびが入っていたら音が違います。安全確認のために錨鎖を使う度にこの作業を必ず行っています。

今のお話を聞いて思ったのは、日米同盟で大きなリンクがいくつもあるとしたら、一個ずつ常に叩いて、音が違っているかどうかを確かめておかないといけないということです。いつの間にかどこかが弱くなっているかもしれません。叩く前にサイバーが弱いことはわかるとしても、他も叩いてみたら音が変わっているかもしれない。

岩田　今はアメリカに叩かれているのですよ（笑）。しかし日本は叩かれていることに気づいてない。

武居　だから音が変わっていても気がつかない。

岩田　本当に恐ろしいのは、今回の報道で明らかになったサイバーの問題のように、どこかの島に、日本が気づかないうちに敵に入られてしまうことです。それをアメリカの報道で知ることになるほど恐ろしいことはありません。たとえば与那国島などはその可能性がありますね。

武居　紅海のような幅の狭い場所にも海底ケーブルがずっと通っています。海を通して世界のあらゆる地点を結ぶ国際ケーブルの地図を、親イラン武装勢力のフーシ派が出していて、「そこを破壊してやるぞ」と脅しています。海底ケーブルは最短距離を結ぶので、だいたいどこにあるのかがわかります。海峡部分を必ず通っているので、与那国島もそれは同じです。

岩田　日本の南西諸島には、九州からループ状に各島づたいに海底ケーブルが通っているのです。これを一本切られても、まだ片方が生きているので通信できます。与那国島は北と南に一本ずつ海底ケーブルが入っています。宮古も石垣島も二本入っています。

二〇二二年に、その石垣島のケーブルがたまたま二本とも切れたのです。突然、通信ができなくなったために、大騒ぎになりました。石垣島は三日間、インターネットと電話がつながらず、当初は中国にやられたのかと心配していたのですが、原因は一本が台風、一本は草刈り業者が誤って切断したことが分かりました。しかし、台風で一本が切れていたことには実はまったく気がつかなったのです。

二〇二三年には、中国大陸に近い台湾の離島である馬祖島で、海底ケーブルが全部切られて、数日間、通信が遮断されました。あれは中国が侵攻の予行演習をやったからだとも言われています。

中国が、台湾有事において、沖縄を始め、南西諸島の通信を遮断しようと企めば、九州であれば、宮崎県と鹿児島県、あるいは沖縄本島の海底ケーブル陸揚げ局を破壊するか、底引き漁船で海底ケーブルを切断することにより可能となります。どこにケーブルが敷設されているかは全部、公開されている情報です。

島田　ＮＴＴなどは海底ケーブルの存在が沖合からもわかるように「ここにありま

す」と書いた看板を砂浜に立てています。漁船に切られないようにするためですが、逆に切ってくれと宣伝しているようなものですね。ケーブルの陸揚げ局の工事で県が担当しているものは、完全に埋まっていないことも多く、海の中にケーブルが見えていることもあります。

岩田　与那国島はケーブルが珊瑚礁の上を這うように陸まで続いていますから。それを切れば終わりです。

島田　陸揚げされたあとは道路の下に配管が通っています。点検するためのマンホールがあるのですが、下水などのマンホールと間違えないようにフタに「電線」と書いてある。これは電線のマンホールだよと、ここでも宣伝しているようなものです。

岩田　私は宮古島と石垣島で陸揚施設の現場を見てきましたが、一応コンクリートで囲われて、カギもかかっていました。しかし工作員のプロが入っていけば爆破できます。各島の二カ所さえ切ってしまえば、その島のインターネットも電話も九七%が使えなくなり、衛星通信の三%しか残らなくなります。すると各島が通信の孤島になってしまいます。

武居　海底ケーブルは海底にあって目に見えませんし通常は防護はされていないので。ノルウェーと大陸とを結ぶ光ファイバーが何回もロシアに切られていると言われています。ガスパイプラインもやられるわけですから、それは切られますよね。

民間業者の防衛参加は不可欠

武居　ところが通信が衛星で対応できるかというと、これもダメなのです。情報の遅延が出てきますから。衛星は膨大な量のデータを処理できずリアルタイムでの情報伝達が苦手です。たとえば株取引などコンピューターによって自動的に行われるものは僅かな時間の遅れが莫大な損失につながりかねないのでハード・リアルタイムのデータ通信でなくてはならず、基幹伝送路の光ファイバーを守らなければならないのに、各国とも準備ができていないのが現実です。

岩田　衛星は遅延があることに加えて、容量が極めて限定されます。だから大量のデータを送れませんね。

武居　陸上自衛隊も航空自衛隊も、大きな無線通信装備を使ってデータ交換をできるようにしています。しかし、たとえば市ヶ谷と九州を結んで、指揮所同士でリアルタイムの情報交換をするとなると、大量のデータの移動が必要になります。光ファイバーがなければ絶対にできません。

日本政府は、ケーブルが損壊された時の処罰規定は領海の内外ともに整備されているので新たな法律は必要がないという立場です。たとえば、「公海に関する条約の実施に伴う海底電線等の損壊行為の処罰に関する法律」（昭和四三年法律第一〇二号）は、公海ににおいて海底電線を損壊して電気通信を妨害した者は、五年以下の懲役又は五十万円以下の罰金に処すると規定しています。しかし、それより二六年後の一九九四年に発効した「海洋法に関する国際連合条約」第一一三条は、日本政府が公海上の海底電線の損壊について処罰できるのは「自国を旗国とする船舶又は自国の管轄に服する者」としていますから、意図的な行為であっても、外国勢力による損壊を処罰できない規定となっています。したがって、専門家は、国連海洋法条約第一一三条に関する立法を行って、日本の立場を明確にする必要性を指摘しているのですが、政府にその気はないようです。

わが国の海底ケーブルの防護は、民間の通信事業者に任せられており、平時における海上や海中の警戒監視は、海上保安庁や海上自衛隊によって、薄く広く行われているに過ぎません。

国際情勢が緊迫化したり、わが国への武力攻撃が差し迫ったりすると見積もられるときに、海底ケーブルをどのように保全するか、誰が行うか、損壊された場合の復旧は民間事業者に任せるのかなど、事前に検討しておく必要がありますが、やはり実際の事態が起きてからでないと、動かないのだろうと思います。

リアクティブ（受け身）にしか行動ができないのは、どの国も一緒でしょう。しかしウクライナのケースが示すように、戦争が始まったら真っ先に情報通信システムが攻撃を受けます。相手の指揮統制を麻痺させるか遅延させるためです。日本と台湾でもっとも攻撃のターゲットになると考えられる海底光ファイバーケーブルの保護はどうするのか、情報通信をどうやって守るか、そこまでの準備ができていません。

岩田　攻撃する側に立ったと仮定して、何をどうするかを考えないといけない。

島田　今、ＮＴＴが中心になって、５Ｇを超える新しいネットワーク構想「ＩＯＷＮ（アイオン）」に取り組んでいます。光通信で大容量かつ抗堪性の高いネットワークを実現する構想ですが、これは一つの大きな技術的な解決策になり得ます。二〇三〇年度頃の実用化を目指しているとされ、実現すれば、高度な通信機能が不可欠な現代戦のインフラになる可能性が高いと考えられます。防衛省はＩＯＷＮの実用前の試験運用の段階から関与し、わが国の防衛にとりいれる方策を探っていると報じられていますが、先進民生技術を早期に取り入れる取り組みは画期的なものであり、他の分野へも広げていく必要があります。

武居　もう一つ重要なことは、民間の通信業者を巻き込まないとサイバー防衛はできないということです。サイバー攻撃によく使われるのはＤＤｏＳ攻撃（Distributed Denial of Service attack。分散型サービス拒否攻撃）、つまり大量のデータを送り込んでシステムを麻痺させる方法ですが、民間通信業者は常時通信状況をモニターしていますからデータの増減を把握することは容易にできます。ある国からのトラフィックが増えている、とわかる。しかし民間事業者は通信の自由があるから手を出すことができません。ここをサイバー攻撃から守ろうとしたならば、ある段階になったときに民間の通信事業者にサイバー防衛のチームに入ってもらわないといけない。そうでなければ防衛はできません。ところが、わが国には民間を防衛に参加させる法律がないのです。

岩田　電気通信事業法の中で、それをやる必要があります。

武居　そうです。やらないといけない。

サイバー空間に日本を守る海はない

島田　基本的な話に立ち戻りますが、そもそもなぜサイバーが大事なのか。ウクライナでは二〇一五年に電力会社へのサイバー攻撃によって首都のキーウを含め三都市で大規模停電が発生し、二二万五〇〇〇人に影響が出ました。これはサイバー攻撃によってエネルギー供給が停止した世界初の事例だと言われています。まさにサイバー攻撃で重要インフラを止められることが実証されたわけです。

サイバー空間は陸・海・空・宇宙という領域と並ぶ、新たな作戦領域として重要性が非常に高まっています。そのサイバー空間が陸・海・空の伝統的な領域と異なるのは、国境がないということです。

最近、地政学的リスクという言葉をよく聞きます。安全保障においては地理的な位置関係、他国との距離というものが重要な要素になります。四面を海に囲まれている日本は古来、自国の安全確保において大きなメリットがありました。ところがサイバー空間では、何千年も日本を守ってきた四面環海という地理的な有利性が失われてしまいます。サイバーは、わが国の安全保障の考え方を根底から覆すものなのです。だからこそ、わが国は他国以上に、この問題を深刻に受けとめる必要があります。

サイバー空間は軍事組織の活動にとっても必要不可欠です。死活的に重要な指揮通信や情報分野で、陸・海・空・宇宙の他の領域ともつながっています。ひとたびサイバー空間から攻撃を受ければ、領域全体の能力が損なわれる可能性があります。

最近では、マルチドメイン・オペレーション、あるいはクロスドメイン・オペレーションという考え方が主流になっています。これは、あらゆる領域で、あるいは様々な領域をまたいで戦うという考え方ですが、そこでカギを握るのがサイバー領域における能力です。陸・海・空の自衛隊は、それぞれの担当領域では世界でも有数の能力を持っていますが、サイバー分野の能力の立ち遅れによって、優位性を喪失する恐れがあります。

もう一つ重要な点は、サイバー空間は全部人工的につくられているということです。陸・海・空のような自然空間とは違います。そしてサイバー空間をつくっているのは誰かというと、国ではなく、ほとんどが民間企業です。また、伝統的な領域における戦いでは、攻撃する対象となるのは戦車、大砲、軍艦、戦闘機などですが、サイバー攻撃で対象になる可能性が高いのは情報通信、金融、航空、鉄道、電力、ガス、医療、水道、物流といった重要インフラです。すなわち民間インフラの可能性が大きいわけです。

こういった観点から、これからの戦争は「国家対民間企業」という形態もとることになります。国を支える民間企業が狙われるのです。もはや安全保障、防衛は政府だけがやればいいというものではなくなっている。アクティブ・サイバー・ディフェンスの権限創設に加え、国と民間企業との関係についても法的手当てが必要になります。

国家総力戦の時代

岩田　中国は二〇一七年の共産党第一九回党大会の後、習近平主席が宇宙軍司令官に対して「制天権を取れ」と命じました。党大会で習近平政権は宇宙強国建設の戦略的目標を打ち出しました。中国は、現在二〇四五年までに米軍と一部分野で肩を並べる目標を掲げて、懸命に人工衛星の開発を進めています。対衛星兵器であるキラー衛星によって宇宙を制し、人工衛星を通じた様々な通信網の構築を目指していますが、そこにサイバーがセットになっています。日本では、その宇宙・サイバー事業の主体をつかさどるのが民間企業です。

二〇一三年に安倍晋三総理が定めた「国家安全保障戦略」では、「外交・防衛を強化して国を守る」ことが重点でした。これがもととなり、二〇二二年に閣議決定された今の「国家安全保障戦略」は外交・防衛のみならず、経済、技術、情報トータルで総合的に国を守るという戦争の様相に適合した形になっています。つまり「自衛隊と政府だけでは国は守れない。地方自治体や指定公共機関、そして宇宙の事業体である民間企業、サイバーにおいて役割の大きい通信事業者も、一緒になって国を守ってください」ということです。ある意味で国を挙げた総力戦です。まさに今は「国家総力戦の時代」になっているのです。民間の人たちも一緒に頑張ってもらわないと国の安全保障は成り立ちません。

ウクライナは国家総力戦で戦っています。キーウスターや、ウクルテレコムなどの大手通信メーカー、それから発電所、電気・水道事業者、空港・港湾・鉄道事業者、病院、学校、そういったところはロシアのミサイルで施設が破壊され、同僚が死に、再びミサイル攻撃があるという恐怖の中においても、何とか社会活動、経済活動、市民生活が継続できるように闘っています。

総力戦は軍事力の「戦い」だけではなく、闘魂の「闘い」です。国民に鉄砲をもって戦えと言っているのではなく、通信会社は自分の通信インフラを守るために闘う、電力会社は発電所がやられても復旧するために頑張るという意味です。沖縄や離島で戦っている部隊の装備品が壊れたときに、それを修理してくれるのも民間企業です。こうした民間の力と国が一緒にならないと、もはや戦えない時代になっているのです。

でも民間事業者の社長が、社員に対し、自衛隊が戦っている第一線から離れてはいるが、後方の地域に「装備の修繕に行ってこい」と命令することはできません。社員本人の同意があれば可能性はありますが、労働組合は反対するでしょう。一方、国民保護法で、電気やガス、輸送、通信といった指定公共機関には協力を求めています。たとえば、緊急時の警報の放送や避難住民の輸送、物資の運送などです。しかし、それに従わなかった場合の罰則はありません。これらを含めて、もう一度、考え直すときがきているのではないでしょうか。

武居　そこには防衛産業は入っていないと思います。

岩田　この指定公共機関を含む民間事業者の協力の在り方は、議論されてはいませんが、国の一大事なのだから、法整備をきちんとしておくべきだと思います。加えて人の問題です。ウクライナの場合、ゼレンスキー大統領が延長しましたが、一八～六〇歳の男性は原則として国外に出てはいけないという法的制限を加えています。

島田　まさにウクライナは今、「総動員令」を敷いています。

岩田　やはり法的に規定しないと、ボランティアだけではとても闘える体制にはならないと思います。一方で、法律で規制をするなら、それに従事した人には補償もしなければいけません。

島田　難しいのは、民間事業者の従業員は戦闘員ではないということです。さすがに一般企業の方々に強制的に戦闘現場まで行ってもらうわけにはいかないでしょう。それを前提として、ではどうやって協力してもらうかを現実的に考えていく必要があります。

岩田　さらに具体的に言うと、仮に与那国島で防空ミサイル、地対艦ミサイルが配備され、それが壊れたために修理しなければならなくなったときに、自衛隊の能力では高度な修理はできません。また、光ファイバーを切断された場合には、そこに民間企業の方に行ってもらわないといけません。

民間企業の技術者の力がどうしても必要なときに、どうすればいいのか。今の状況では命令することもできません。有事になった場合、そのような問題に直面するのです。これがまったく議論されていません。

武居　民間企業の人たちは、法律がなくてもたぶん現場に行くと思います。そういう心熱い人たちがたくさんいます。しかしながら「ノー」と言う人たちもやはりいる。

岩田　おっしゃるように、現場に行ってくれる人はたくさんいるでしょう。しかし、国全体として見た場合、何の規定もない中で尻込みする人は多いと思います。世論調査を見ても、あなたは戦争になったらどうしますかと聞かれて、「逃げます」という趣旨の回答はものすごく多いですよね。

「戦争になった場合、あなたは国のために戦いますか？」という「世界価値観調査」の設問（世界各国の一八歳以上の男女を対象、二〇一七年〜二〇二〇年）では、「はい」と答えた割合が日本は一三・二％で世界七九カ国・地域の中で最低でした。

二〇二三年八月一五日放送のＮＨＫスペシャル「Ｚ世代と〝戦争〟」では全国の一

三歳から二九歳の男女三〇〇〇人からインターネットでアンケートをとったということです。「もしも日本が戦争に巻き込まれたらどうするか?」では「戦闘に参加せず戦争反対の声を上げる」が三六%で最多、「戦闘に参加せず国外に逃げる」が二一%、「戦闘には参加しないが戦いを支持する活動に参加する」は一〇%、「戦闘に参加する」は五%、「わからない/答えたくない」は二二%だったといいます。

島田　これは本当に国のかたちそのものに関わる話だと思います。そもそも徴兵制は憲法違反だというわが国憲法の下では、自衛官もすべて志願制です。もちろん、防衛出動を命じられているときに敵前逃亡をすれば、懲役七年以下の罰則が科されます。しかし残念ながら、命を失うよりは懲役七年のほうがいいという人もいるかもしれない。こういう現実の下で、われわれは国を維持していかなければいけないわけです。これは小手先の法律論で解決する話ではありません。本来は憲法にさかのぼって国家の在り方から議論が必要です。しかし、それをただ待っているわけにはいきません。今の現実を前提に具体策を考える必要もあります。

日本版A2/ADを

島田　戦略三文書の中で言われているのは、「二〇二七年度までに、我が国への侵攻が生起する場合には、我が国が主たる責任をもって対処し、同盟国等の支援を受けつつ、これを阻止・排除できるように防衛力を強化する」ということです。さらに、おおむね一〇年後までに「より早期かつ遠方で我が国への侵攻を阻止・排除できるように防衛力を強化する」とされています。

今の日本の現状を踏まえた場合、一つの解決策となっているのは「極力、敵を陸地に上げないで、洋上や航空で阻止して、国民の住んでいるところには被害が及ばないようにする」ということだと思います。これが今、政府が志向している考え方でしょう。

岩田　しかし、それで事態が収まるはずはないと思いますが。

島田　もちろん陸上での戦闘で相手を排除する能力も必須です。さりとて、大東亜戦争の際ですら本土決戦は回避しようとしたわけです。われわれは専守防衛とはいえ、陸上で市民を巻き込んだ戦闘は極力避けなければいけません。できるだけ遠方で対処し相手の意図をくじく、相手の目的を達成させないことが肝要です。そのために力を入れているのがスタンド・オフ・ミサイルとドローン、とりわけ水中ドローン（UUV）なのだと思います。

岩田　やはりドローンを活用するしかないと思います。

武居　敵がやってくる前に叩く。日本版の「接近阻止・領域拒否（A2／AD）」を行うわけですね。

岩田　ミサイルも必要です。中国は「西太平洋に雨を降らせる」と主張する二八〇〇発のミサイルを持っています。本来なら日本もそれぐらいの数を持たなければいけないのです。それが反撃能力の一つになります。

　実際、戦争になれば日本の政治経済の中枢や社会インフラ施設にもミサイルを撃ってきます。ロシアがウクライナの首都キーウや火力・水力発電所、オデーサ港、貨物ターミナル、学校、病院に対して撃ち込んだミサイルを、ウクライナは地対空ミサイルで迎撃していますが、ミサイルが不足しているため、大きな被害が出ています。日本は強い防空能力をもたなければなりません。しかし、迎撃ミサイルを大量に保有できたとしても、予算的に限界があり、日本全土への攻撃を一〇〇％阻止するのは無理です。そのような厳しい状況になるという前提認識をもっておく必要があります。だから反撃能力の保持と、国民保護が必要なのです。

　と同時に、敵がどこかの島に上がってくる可能性は極めて高いので、そうした場所では陸上戦闘が起こる可能性を考えておく必要があります。

中国から丸見えの日本

岩田　もう一つ、「国家安全保障戦略」の中で、宇宙領域の把握のための体制の強化や、スペースデブリの対応の推進などが指摘されています。中国とは名指ししていませんが、「相手方の指揮統制・情報通信等を妨げる能力の整備の拡充」を進めると書いています。

また「国家防衛戦略」では、「宇宙・サイバー・電磁波の領域において、相手方の利用を妨げ、又は無力化するために必要な能力を拡充していく」となっています。

中国は二〇二二年の段階で、三四七機の情報収集・監視・偵察用衛星を所有していると、米宇宙軍のトップ・サルツマン作戦部長が二〇二三年三月一四日に発言しています。それは、日本の上空の何カ所かは常に中国に見張られていることを意味します。われわれの動きが中国にすべて筒抜けになっていて、在日米軍や陸海空自衛隊の動きや日本の重要地域の動きが把握されている可能性があります。したがって、情勢が緊迫し始めてから有事に至るまで、これを妨害する能力が絶対に必要になります。

中国の偵察衛星を破壊した場合、デブリ（宇宙ゴミ）が出過ぎるので、たとえばロボットアームで捕まえて、大気圏に再突入させ破壊するとか、レーザーで偵察機能を止めるとか、なにがしかの妨害手段を取らなければいけません。

先ほど述べたように、「国家防衛戦略」には相手方の利用を妨げ、または無力化するとの意思を表明しています。その手段については触れていませんが、具体化が進んでいるのかどうか、まったく報道もないので心配になります。保全上機微な事柄なので、国として密かに、きちっと準備していることを望んではいますが。

武居　宇宙の能力を強化するとき、民間の力をもっと使うべきだと思います。一〇〇%民間に情報収集を任せるというわけではありません。核心的なところは官がもってなければいけませんが、情報量は多ければ多いほどいい。民間の衛星会社から情報を買うということを、常識的にやっていかなければいけないと思います。

ウクライナに関しても、聞くところによると、アメリカは情報を収集する手段を自ら持ちながら、二〇〇社ぐらいの衛星情報を出す企業に情報提供を依頼しています。アメリカですらそれをやっているわけですね。ですから、日本も防衛省が自前ですべてやろうとしても無理です。平時に必要とする情報の量は有事に比べてはるかに少なく、有事の情報量をカバーできる通信システムを平時から持って、いつもは遊ばせておくことは非常に非効率です。情報は買うものだと考えて、官民のベストミックスを目指していかないといけません。そうすれば民間の衛星会社のビジネスも成り立ち、技術は間断なく進歩し、有事に官を支援する体制も維持できます。

民間企業の技術革新は速いですから、技術革新の新しい情報を民間企業から得ることで、防衛省もどんどん変化を遂げることができます。最小限の投資で、一番重要なコアな部分を自分たちで持つことができるわけです。

岩田　宇宙事業者も、指定機関になるべきだと思います。

武居　情報の取得については、外国から情報を買ってもいいと思います。国産である必要はまったくありません。別個に情報というものの戦略を立てて、衛星も含めて議論すべき時代が来ていると思います。

変化に即して防衛費を見直せ

武居　日本の防衛を強化する戦略三文書はそろいましたが、まだ足りないことがあります。

一つは、恐らく防衛省は現在、戦略とそれに基づいた作戦計画を練っていると思いますが、それを動的に検証していかないといけないということです。

今も情勢は絶えず変化しています。たとえばイエメンの親イラン武装勢力フーシ派が対艦弾道ミサイル（ＡＳＢＭ）を使うようになったり、ウクライナ戦争が長引いていてどんどん新しいドローンが出現したり、事態の様相は刻々と変化しています。われわれは、その変化を受けて、これまで想定していなかったフーシ派の海上テロに似た攻撃が日本近海でも起きたならば、日本にどのような影響を及ぼすのか。装備や作戦計画を見直す必要があるのかを繰り返し考えていく必要があります。

もう一つは、常備する装備や弾薬をどれだけ備えていれば戦争が抑止できるか、継戦能力があるのか。あるいは戦争が始まった場合には、それをどのように緊急調達するか考えなければなりません。ロシアやウクライナがまさに今やっていますよね。戦争をしながら技術革新し武器弾薬を生産する。これは産業基盤の戦争と言われています。

さすがにロシアもこれほど弾薬を消費するとは想像しなかったでしょうし、過去の戦訓からしても、平時に見積もった弾薬や燃料は戦時には必ず不足する。なによりもクラウゼヴィッツが言ったように戦争は双方に戦う意思がある限りエスカレートを続ける性質を持っているので、こちらの弾薬がなくなったからといって、相手が戦争をやめてくれる保証はない。われわれはどう対応するのか。二〇二七年の台湾海峡の危機をどうやって想定するのか。ウクライナ戦争は戦略三文書ができたときとは違う消耗戦の様相を呈しています。台湾海峡危機は長期化するのだと考え、平時に貯蔵しておく数量を見直し、合わせて産業基盤の戦争に勝利できるように官民共に備えていく必要があります。

　また、緊急調達する手段も重要になります。一例として、アメリカが行っている緊急調達を可能とするようなシステムを防衛省としても導入すべきではないでしょうか。アメリカには「迅速調達権限（Rapid Acquisition Authority, RAA）」という制度があって、それは四つのカテゴリーに分類されています。そのカテゴリーに当てはまるものは、国防総省は議会が承認すると三〇日以内に調達できます。

　たとえば米陸軍はウクライナでドローンが大量に使用されていることから、対ドローン迎撃ミサイルシステム「コヨーテ」を六〇〇セット契約しました。今年一月一六日に発注して、契約から三〇日以内にはすべての措置が完了しました。防衛省も制度改革に努めていますが、RAAほど迅速な調達は不可能です。アメリカのやり方を参考にして、調達の工夫をし、継戦能力を確保する。そして動的な検証を行う必要があります。

島田　岸田総理は記者会見で、極めて現実的なシミュレーションを実施した結果、防衛費「四三兆円」という数字が出てきたと述べました。ただし、武居さんがおっしゃるように情勢は刻々と変わります。一番悪いのは閣議決定したら、その決定文書だけを金科玉条に、それを実現することだけが大事だという考えになってしまうことです。

大事なことは現実を見ることです。そして情勢の変化に対応して、防衛費の見直しを図っていく必要があります。「四三兆円はびた一文変えない」という硬直した態度では、国を守れません。

武居　その通りだと思います。防衛省には現在、アメリカのように強い権限を持って弾薬や装備を緊急調達する仕組みがありません。この機会に防衛省として安全装置的なものを制度としてつくったほうがいいと思いますが。

島田　緊急を要するときには随時契約でいいという仕組みはありますね。

武居　アメリカのように、ただちに調達できるシステムは考えていないのでしょうか。緊急時には何とかなると考えているのでしょうか。

島田　緊急時には入札公告などを要せず随意契約が出来る仕組みはあっても、米国のように常に戦争を繰り返してきた国と、戦後七〇年以上平和を享受してきた日本では、事態発生時の対応には相当な差があるのは否めないものと思います。

江戸時代末期の幕臣、小栗上野介は、滅び行く徳川幕府を見て、こう嘆いたと言われています。「一言を以て国を滅ぼすべきものありや。『どうかなろう』という一言、これなり。幕府が滅亡したるはこの一言なり」。何とかなるだろう、では国は滅ぶのです。政府には、「どうにかする」義務があります。現実を直視し、主体的に対応策を決め、いざという時には果断に実行する。その大きな責任があります。

しかし、多くの中央省庁や地方公共団体は、日本では戦争はないという前提で仕事をしているのが実態です。

広く同盟国、同志国を見回しても、戦争を起させないための努力を行う「伸びしろ」が一番大きいのは日本だと思うのです。GDPの一％しか防衛努力を行ってこなかったのですから。どこをどう伸ばせば一番効果的にこの国を守れるのかを常に考えて、柔軟に手を打って行く必要があります。先ほど武居さんがおっしゃったような動的なシミュレーションは必須ですし、防衛当局だけではなく、政府を挙げてやらなければダメだと思います。あらゆる役所に有事のことを考えてもらう必要があります。

岩田　いざとなったらできるという体制を作っておくのはやはり危機管理上の鉄則ですよ。何事も「段取り八分」です。
島田さんがおっしゃったように、準備することによって抑止する。それを一般の人や政治家に理解してもらわなければいけないと思います。ゼレンスキー大統領は戦時の指揮官としては頑張っていると思いますが、最大の失敗はプーチン大統領を抑止できなかったことです。先にも述べましたが、ウクライナ戦争が始まる以前から、バイデン大統領が警告を発していたにもかかわらず、ゼレンスキー大統領はまったく反応していませんでした。歴史に「ｉｆ（イフ）」は禁物ですが、警告があったそのときにウクライナが本気になって戦う覚悟を示していれば、ロシアの侵攻を抑止できたかもしれません。

有事に対し準備することにより、国を守る強い意思と能力を示し、それを相手にわからせる。だからこそ危機を抑止できるわけです。相手が過信と誤算に陥り、万が一有事が起きたとしても、準備しているからこそ最小限のリスクに抑えられます。この抑止の重要性を広める必要があると思います。

武居　とくに日本はサイバー分野が一番、遅れています。日本は二〇一四年のウクライナのように実際にサイバー攻撃を受けてからでないと準備ができないのでしょうか。

島田　数年前には、「台湾有事が切迫している」と実態以上に煽るような話を聞くことが多かったですが、最近は、「中国の経済状況が悪いから台湾有事は起きないだろう」という話が多いようです。日本は第三者のような視点で、中国、台湾、米国の状況を分析して、起きる、起きない、と言っているわけです。しかし、このような議論には、日本は重要な当事者であって、台湾海峡の平和と安全に大きな影響を与えることができるという視点が抜け落ちています。台湾有事を起させない。そのための努力こそが、いま、日本の役割としてきわめて大きいのです。

第四章　台湾問題の洗脳を解く

「一つの中国」という洗脳

岩田　なぜ台湾問題で中国に対して日本は及び腰なのか。それは、中国が台湾との関係でよく使う「一つの中国」という物語（ナラティブ）を日本が完全に信じ込まされているためでしょう。台湾問題については口を出さないほうがいいと洗脳されているからではないかと思います。

二〇〇七年一〇月号の『霞関会会報』で、栗山尚一元外務事務次官が日中共同声明について一つの誤解を解こうとして書いた文章があります。栗山さんは外務省条約課長として共同声明に関わった方ですから、まさに当事者です。

そこで栗山さんが述べているのは「台湾は安全保障の対象外（極東条項の範囲から除かれる）だという議論があった。もともと台湾は中国の一部なのだから、台湾は極東条項とは関係ないと言っている。けれどもそうではないのだ」という趣旨です。

一九七二年、大平正芳外務大臣は衆議院予算委員会の答弁で台湾の関係についてこう述べています。

「中華人民共和国政府と台湾との間の対立の問題は、基本的には中国の国内問題であると考えます。わが国としてはこの問題が当事者間で平和的に解決されることを希望するものであり、かつこの問題が武力紛争に発展する現実の可能性はないと考えております。なお安保条約の運用につきましては、わが国としては、今後の日中両国間の友好関係をも念頭において慎重に配慮する所存でございます」

　ここにおけるキーワードは、台湾は「基本的には中国の国内問題である」「武力紛争に発展する可能性はない」というこの二つです。栗山さんはこの答弁について、「これをより平易な表現に書き直すと次のようになる」として、このように説明しています。

「台湾問題は、台湾海峡の両岸の当事者間の話し合いによって平和的に解決されるというのがわが国の希望であり、その結果、台湾が中華人民共和国に統一されるのであれば、わが国は当然これを受け入れる（それが共同声明第三項の意味である）のであって、当事者間の平和的話し合いが行われている限り、台湾問題は第三者が介入すべきではない中国の国内問題と認識される。

『基本的には』とは、そのような意味である。こうした認識を踏まえれば、武力紛争の可能性がないと考えられる現状では、台湾をめぐり安保条約の運用上の問題が生じることはない。

　しかし、将来万一中国が武力を用いて台湾を統一しようとして武力紛争が発生した場合には、事情が根本的に異なるので、わが国の対応については、立場を留保せざるを得ない」

今、まさに中国は台湾を力で統一しようとしており、武力紛争に発展する可能性が叫ばれています。「基本的には」という部分は、まさに「武力紛争があったときは別であるという認識で解釈すべきだ」と、栗山さんは指摘しているわけです。

私は、政府・議員には一九七二年の共同声明が完全に固定化されているものではないという認識を持ってもらいたいと思います。台湾有事になったときには、日本政府は日本の安全保障のために、台湾と必要な調整を行うことは共同声明には反しないことを明確にしておくべきです。

中国にやられて引っ込み、またやられて引っ込むというのではなくて、逆に「われわれはこういう認識でいるのだから、台湾との実務者協議は絶対に行う。わが国の主権を保つ安全保障上の問題だ」と中国に対して、はっきり言うべきです。政府はもちろん、国会にもそれを言う勇気ある政治家がいない。そもそも危機を認識していないこと自体が問題です。もしそれが彼らの鈍感さから来るのであれば、日本の安全保障の致命傷だと思います。

台湾問題は中国の内政問題ではない

島田　岩田さんのお話と重複するかもしれませんが、栗山さんの論文を踏まえて私なりの理解を申し上げたいと思います。まず、日本が、「台湾は中国の一部だ」という主張を受け入れたと思っている人がいますが、これは大きな誤解です。

日中共同声明の第二項、第三項にはこう述べられています。

「二　日本国政府は、中華人民共和国政府が中国の唯一の合法政府であることを承認する。

三　中華人民共和国政府は、台湾が中華人民共和国の領土の不可分の一部であることを重ねて表明する。日本国政府は、この中華人民共和国政府の立場を十分理解し、尊重し、ポツダム宣言第八項に基づく立場を堅持する」

日本政府は、台湾が中国の不可分の一部であるという中国の立場を「十分理解し、尊重する」という部分は良く知られていると思います。

まず一つ目の誤解ですが、日本が「十分理解し、尊重する」のは、「台湾が中華人民共和国の領土の不可分の一部である」ということではありません。「理解し、尊重する」対象は、中国の「立場」だということです。そして、どこまで行っても「理解し、尊重する」以上の意味はない。逆に言えば、立場を認めたわけではないこと、受け入れたわけではないことを示しているのです。

さらに重要なのは、日本国政府は「ポツダム宣言第八項に基づく立場を堅持する」という部分です。これについても故・栗山元事務次官が二〇年ほど前に述べておられますが、私なりの理解を述べます。

ポツダム宣言第八項では「『カイロ』宣言ノ条項ハ履行セラルヘク」と規定しています。一九四三年にアメリカ・イギリス・中国の首脳が発したカイロ宣言においては、台湾と澎湖諸島を中国に返還することが対日戦争の目的の一つとされていることから、「ポツダム宣言第八項に基づく立場」とは、台湾が中国に返還されることを日本は認めるということです。

しかし重要な点は、「返還を認める」ということは、いまだ「返還はされていない」ということであり、当時、そして今なお、台湾の最終的な地位は未解決なのだということです。

二つ目の誤解は「台湾問題は中国の内政問題だ」と考えることです。これも明確な誤りです。日米安保条約第六条では次のように米軍が極東の平和と安全のために日本の基地を使うことを認めています。

「日本国の安全に寄与し、並びに極東における国際の平和及び安全の維持に寄与するため、アメリカ合衆国は、その陸軍、空軍及び海軍が日本国において施設及び区域を使用することを許される」

ここで言う「極東」の中には台湾が含まれることは、政府の一貫した立場です。つまり、仮に中国が台湾を武力で併合しようとした場合には、米軍がそれを阻止するために日本の基地を使うことを認めるということです。

もし台湾問題が中国の内政問題であるとしたら、日本は内政干渉のための米軍の違法な武力行使に加担することになりますが、そんなことはあり得ません。日米安保条約を堅持する日本の立場としては、中国の武力による台湾併合を許容していないことは明確なのです。

これをまとめて言えば、日本は台湾の人々の自由な意思によって、台湾が平和的に中国に統一されるのであればこれを受け入れる。その限りにおいては、国際問題にはならないので国内問題と言えるでしょう。しかし、武力統一までは受け入れてはいないということです。武力統一を図ろうとすれば、それは国際問題になります。これがかつて政府が中台の対立の問題について「基本的には中国の国内問題」（大平外務大臣）と答弁した趣旨だと思います。

台湾に集団的自衛権行使は可能

島田　さらに私見を申し上げると、アメリカが台湾支援を行うのは台湾に対する集団的自衛権の行使です。つまり、日本は、台湾に対する集団的自衛権の行使を国際法上、合法なものと考えているということであり、日本は、台湾が国際法上、集団的自衛権の行使の対象となる存在であることを認めているということに他なりません。

そうであれば、中国が武力によって台湾統一を行おうとする場合には、台湾と日本の密接な関係を考えれば、日本も国際法上、台湾に対する集団的自衛権の行使が許される場合があると考えられます。

アメリカと台湾との間に存在した米華相互防衛条約は一九八〇年に失効し、アメリカには台湾関係法はあるものの、台湾を守ることはアメリカにとって条約上の義務ではありません。しかし条約失効後においても、中国が台湾に武力行使をしたときは、武力行使をして台湾を守ることを否定していません。公式にはいわゆる「あいまい戦略」を維持していますが、バイデン大統領は過去四回、そういう事態が起きたときには武力行使をするとはっきり言っています。トランプ政権末期に公表された政府の文書でも台湾を守るということを明記しています。

岩田　それでもって日本は集団的自衛権が行使できるのでしょうか。

島田　政府見解でも、集団的自衛権の行使の可否の判断には、安全保障条約を結んでいるか否かは関係なく、さらに、外交関係があるかどうかも関係ないとしています。台湾に対する集団的自衛権行使を否定する理由はないと考えられます。

岩田　国際法上は、ということですね。

島田　そうですね。あとは憲法上、日本が台湾に対して集団的自衛権の行使ができるかです。それは、中国による台湾への武力攻撃が「存立危機事態」に該当するかどうか、という判断です。

中国はわが国固有の領土である尖閣諸島について、自国領土だという独自の主張をしています。具体的には、中国は「尖閣諸島は台湾の一部である」と主張しているわけです。彼らの主張からすれば、中国による台湾併合は、尖閣諸島を奪取しなければ完成しないと言えます。つまり、中国による台湾への武力攻撃は、わが国固有の領土であり、わが国が現に有効に支配している尖閣諸島への武力攻撃に至る明白な危険があると言えます。つまり「わが国の存立が脅かされる明白な危険がある事態」と判断し得ると考えられます。

また、台湾とわが国は、わずか一一一キロしか離れていません。現代の戦争の様相を考えれば、中国が台湾に武力攻撃を行えば、日本はその「戦域」に入ってしまうでしょう。日台の地理的な位置関係からしても、中国による台湾への武力攻撃によって、わが国の存立が脅かされるという認定はできると思います。

一般によく聞く考え方は、日本は台湾に対しては集団的自衛権を行使できないが、アメリカが台湾防衛のため軍事介入すれば、アメリカに対しては集団的自衛権を行使できる、というものです。アメリカに対する集団的自衛権の行使は当然です。しかし、今申し上げたように、国際法上も、憲法上も、日台の関係においても集団的自衛権を行使し得る。理論的には、そういう整理ができると思います。

もちろん、存立危機事態の認定は、実際に起きた事態の様相に応じての総合的な判断が必要となりますが、理論的な整理については、政府の内外において共通認識としていく必要があると思います。

なお、存立危機事態を認定し、日本が武力行使をすれば、日中共同声明で示された日中関係は根底から覆ることになります。しかし、それはすべて中国の責任であることを内外に明確にする必要があるでしょう。

実務的協議は防衛でもできる

岩田　こういった議論を、国会あるいは政府で共有しなければなりませんね。極めて大事な話ですが、これをきちんと議論しているのかというと、自民党では台湾ＰＴ（台湾政策検討プロジェクトチーム）でやっているくらいだと思います。

台湾は民主国家であり、すでに民主主義が定着しています。世論調査を見ても六割以上が、自分たちは台湾人であって、現状維持を望んでいます。それを「台湾は中国の一部だから、われわれは武力をもってしてでも統一する」というのは大きな問題です。

ウクライナで戦っているのは、「民主主義国家連合」対「権威主義国家連合」です。われわれが今直面しているのは、民主主義と権威主義の戦いなのです。その意味では、台湾は「主義の戦い」における東側のフロント（前線）であるわけです。中国のプロパガンダによる「一つの中国」を受け入れてはならず同じ価値観を持つ西側の一員として、台湾の安定をわれわれはできるかぎり守っていくべきだと思います。

一九七二年の日中共同声明からの経緯をよく踏まえた上で、現状の台湾がどういう状況にあるのかをしっかりと議論していく必要があります。しかし、その議論さえも公にできない。非常に大きな問題です。

島田　議論ができないというよりも、あえて避けているように思います。

岩田　それは中国に遠慮があるのか、危機に対して鈍感なのか。何かを行うことによって、問題が起こるのを避けているのか。政治が逃げているのか。台湾との関係においては日本は国交がないので、経済や文化以外は非公式な関係に限るとされています。だから政府機関には、台湾と安全保障の調整ができないという暗黙の意識があると思います。

島田　日本政府が台湾との関係を「非政府間の実務関係」と捉え、それを維持しているのは、日中共同声明が根本にあるからです。ただし、防衛以外の分野、たとえば航空、海上保安、漁業や農業などの分野では、日本の政府機関は台湾のカウンターパートとの間で、いろいろな実務的協議を行い、協力しています。ですから、防衛だけがダメだということはないはずです。日本が台湾を正統政府と認めているからではなく、現実にわが国の安全保障上、重大な課題があるため、現実に台湾にいる人々と実務的な協議・協力をするというだけのことです。国の存立がかかっているのです。

中国が非難してきたら、「中国が武力行使を放棄しないと明言しているために実務的協力をしているのだ」と言えばよいのです。問題の原因は中国にあります。

岩田　私は日米台の会合をやるべきだと、いろいろなところで提案しています。何も台湾でやらなくてもハワイでやればいいのです。

日本、アメリカ、台湾の関係だけではなく、もちろん日台二国間で協議すべき話もあります。だから静かに、然るべき場所で、実務者同士が台湾有事になったらこういうふうに連携しようと話し合うべきです。

武居　最終的にアメリカが台湾に関与しなくても、日本にとって台湾の戦略的な価値は極めて大きい。それが、日本が台湾に関与する判断の重要な要素になると思います。

しかし今、憲法上、こういう解釈があるから、それでいいのではないかと思っているところがあるのですよね。いざ情勢に変化があったならば、そこで憲法を変えればいい、今はとくに変化がないのだから変えなくてもいい、と。そうやってずっと五〇年間やってきたでしょう、と。台湾有事になったら、そのときの解釈に基づいて日本を変えればいいというような事なかれ主義が、政府や政治の中で多数を占めているのではないかと思います。

岩田　私は結局、すべて政治だと思います。二〇二一年四月に菅義偉総理がワシントンに行って、バイデン大統領と新たな日米の共同声明を出しました。その中に「日米両国は、台湾海峡の平和と安定の重要性を強調するとともに、両岸問題の平和的解決を促す」という文言が入りました。これまで五〇年以上も台湾問題について日本は触れていなかったのに、五二年ぶりに台湾海峡の平和と安定に関しての文字が盛りこまれたのですよ。それなのに何も政治が動かないとはどういうことなのか。

武居　日米首脳会談のあとも政府はこれまでの防衛政策を大きく転換することなく、防衛力の強化には踏み出しませんでした。菅総理も帰国後の衆院本会議では、首脳共同声明で台湾問題に言及したことについて「軍事的関与などを予断するものでは全くない」「当事者間の直接対話による平和的解決を期待するわが国の従来の立場を、日米共通の立場としてより明確にするものだ」と述べ、日本の対中認識や台湾に対する政策は従来と変わりがないと述べています。結果として、政府は日米共同声明を否定してしまいました。

岩田　だとすれば、とんでもないことですよ。

武居　だから「かつてない最大の戦略的な挑戦」という言葉は、ロシアのウクライナ侵略が始まった二〇二二年の戦略三文書まで待たないといけなかったのです。

「平和的統一」は平和的ではない

岩田　栗山尚一さんの日中共同声明の解釈からすると、共同声明上、平和的統一は認めていますが、しかし現在の習近平共産党政権の下での平和的統一は、日本の国益上、大きな問題となります。統一されれば、日本にとって歴史的な大脅威になります。日本の国益の観点からも、それを絶対に阻止しなければいけません。

島田　これは平和的統一とは何か、という問題だと思います。本来の意味は、「台湾の人々が自由に発した意見に基づき、大陸と一つになるのであれば、日本はそれを受け入れる」というものです。

しかし、今の台湾では、圧倒的多数の人が、中国の言う「一国二制度」の下での「平和的統一」に反対しています。中国の言う「平和的統一」とは、われわれが思っているような真の平和的な統一ではありません。伝統的な意味での武力の行使がなくとも、情報戦、認知戦によって、現状を維持しようという台湾の人々の意思を挫くような形での統一は、平和的なものではない。いまや「認知領域」は陸・海・空・宇宙・サイバーに次ぐ「第六の戦場」と位置づけられています。今、中国が進めている「平和的統一」とは、本質的に、非平和的な統一であると認識すべきです。伝統的な意味での武力が用いられない形であれば「併合はやむなし」と考えること自体、中国の認知戦に敗れている証左だと思います。

武居　今年二月『フォーリン・アフェアーズ』のウェブに、「台湾の破局（The Taiwan Catastrophe)」という台湾の価値について書かれた論文が出ています。興味深いポイントがいくつかあります。

第一は、台湾は民主主義の内容についてアメリカやイギリスよりも上位にランクされた完全な民主主義国家であるということ。民主的な選択肢としての台湾を失うことは、中国の伝統を色濃く受け継ぐ社会による民衆的な多党制自治の実験を終わらせることになる。

第二はコンピュータのチップの重要性について。交換性の存在しない最先端半導体の九〇％が台湾で生産されており、中国が台湾を乗っ取れば、戦略的に重要な半導体製造は壊滅的な打撃を受けてしまう。台湾の半導体が手に入らなくなれば、その混乱は世界金融危機や新型コロナで引き起こされた混乱をはるかに上回る。

第三が核の脅威について。台湾が中国に統一されたならば、無秩序の世界が現れて大変な事態となる。核拡散の問題が出現し、韓国や日本は核武装に奔走することが予想される。とくに日本は世界最大のプルトニウムと核燃料を処理する独自の施設を持っている——。ざっとそういうことが書かれています。

ここで重要なことは、論考が指摘した台湾の地政学的な価値あるいは台湾が中国に吸収されたあと訪れる世界を日本がどのように評価するかです。先日、ある研究会で、インドの参加者がウクライナばかりでなく台湾海峡においてもインドが中立を保つ意義を朗々と述べたことに対して、アメリカの参加者が「台湾有事が起きて、（台湾防衛を支援した）日米が負けたならば、インドにとっても全く違う世界がこの西太平洋に現れる」と反論しました。アメリカの参加者はそれ以上述べなかったのですが、もし続けるとすれば「そうならないようにインドは中立政策を捨てて地域の安定化にもっと協力すべきである」となるでしょう。

この視点はとても重要だと思います。先ほど述べましたが、もし日米が負けたら、この地域に中国の冊封体制が再び出現し、広く西太平洋を覆ってしまいます。インドは中国との国境を侵されるし、さらにパキスタンとの国境も侵されます。日本と台湾の持っている技術力は全部、中国に吸収されてしまいます。中国が自由に太平洋に出て行くようになると、アメリカのプレゼンスはさらに東側に縮退していきます。そのような視点がインドばかりでなく日本にも欠けています。台湾が負けたら台湾はどうなるのかとわれわれは想像しますが、日米が中国に負けたらアジア地域に何が起きるかという見方です。まさしくその通りだと思いました。

岩田　たとえ戦争に至らなくとも、仮に台湾が統一された場合、陸上自衛隊の戦力も大転換せざるを得なくなります。現在、定員で約一五万人いる陸上自衛隊の主力は北海道に置いています。北海道はいわば道場のような役割も果たしていて、隊員たちを鍛える大演習場が存在するという背景もありますが、主力を北海道に置いているのは、北海道がロシアと直接、向かい合っているからです。航空自衛隊は年間百数十回、千歳基地からスクランブルをかけています。私が北海道のトップ、北部方面総監を務めたときは毎朝、登庁すると極東ロシア軍に関する情報を報告させていました。主義主張の異なる国と国境を接するということは、軍事的に緊張するのです。

二〇一三年の安倍政権下で決定された「国家安全保障戦略」の中で、中国について「東シナ海、南シナ海等の海空域において、既存の国際法秩序とは相容れない独自の主張に基づき、力による現状の変更の試みとみられる対応を示している」という分析が示されました。これに基づいて、陸上自衛隊は南西シフトを始めました。当時の約二五〇〇名から、現在は、約五〇〇〇名体制で南西諸島に配備しています。

朝鮮半島は韓国がいるので、北朝鮮の脅威に対する対馬警備隊は約五〇〇名です。また中国に対しては、台湾がいるので、与那国島には約一七〇名が駐屯しています。しかし、台湾が奪われ、まさに日本の領土から一一〇キロ先に中国が入ってきたら、陸上自衛隊の主力は北海道だけではなくて、南西諸島にも大増員しなければならなくなります。そうなると一五万人では絶対的に不足します。陸上自衛隊だけでなく海空も含めて戦力の大転換をやらざるを得ません。

日本は歴史的に、常にロシア（ソ連）、中国、北朝鮮という三正面の脅威に接してきました。それでも台湾や韓国がいるから、なんとかやってくることができたのです。

それくらい台湾の存在は大事なのに、なぜ中国ばかりに遠慮しているのか、本当に憤りを感じます。

島田　それは本質を突いていると思います。

本当に台湾が中国側にひっくり返ると、台湾の膨大な戦力が今度はこちら（日米側）に向いてくる。台湾海峡を自由に通航できなくなるし、バシー海峡も安全な航行が保障できなくなります。沖縄の列島線の防衛も相当難しくなります。がらりと戦略環境が変わってしまいます。日本にとっては戦略的な悪夢です。そうなると、従来以上に中国を刺激しないよう、できるだけ言うことを聞いておこう、という政府ができる可能性さえあります。いわば冷戦時代に言われた「フィンランド化」です。言論の自由をはじめとする基本的人権を「自主規制」する国になりかねません。

日本は安全保障協力のハブ

武居　つまりバシー海峡に箱根の関所ができると思えばいいわけです。中国が海空軍力を太平洋に投射するのを妨げる海の関所ができるのだ、と。台湾は地政学上、極めて重要です。そのことをもう少し真剣にわれわれは考える必要があります。もし台湾が平和的であれ軍事的であれ中国に取られたら、日本の安全保障環境は激変します。

なかなか難しいと思いますが、やはり日米韓が協力することが非常に重要です。

古来、大国の脅威に中小国が対抗するためには連合を組むしかありません。秦に対抗するために、趙・魏・楚・斉・燕・韓の六カ国が合従した方法しかないのです。韓国の大統領が保守派の時代に、日米韓を固め、オーストラリアとも結ばなければいけないし、その中間にあるフィリピンとも仲良くしておく必要があります。台湾も含めて南北方向に縦に結んで、いわゆる合従を強化し、中国の進出を押し返さなければならない。そうしなければ中国の圧力に耐えられないのが今の時代だと思います。

ヨーロッパは今、ロシアの脅威に直面していますが、そのような中でドイツが駆逐艦を日本に派遣します。イギリスからは空母「プリンス・オブ・ウェールズ」が来るし、フランスからも空母「シャルル・ド・ゴール」が来ます。イタリアは軽空母「カヴール」を送ってきます。すると空母が太平洋に集結することになります。

なぜ、太平洋に関心があるのかというと、中国とロシアが手を結んでいることに対する懸念がヨーロッパで非常に高まっているからでしょう。ヨーロッパでロシアと中国に対抗するために太平洋への関与を強めなければいけないという考え方が、NATOの国々に沸々と湧いています。加えて東南アジアや台湾の持つ経済的な重要性もあります。決して中国は敵だからという話ではありませんが、この地域を安定させることは、彼らにとっても利益につながります。またドイツの場合、北朝鮮に対する国連安保理制裁の実効化措置に参加したい意向を持っています。アジアの安定はヨーロッパの安定につながる。ゆえに北朝鮮、中国を含めトータルとして、この地域にNATOの国々が関与を強めているわけです。

島田　まさに今、日本はインド太平洋における安全保障協力のハブになっているのです。NATOと違い、アジアにおける同盟は米国を中心として、日米、米韓、米比、米豪、米タイなどの二国間同盟が並立するハブ・アンド・スポーク型と言われてきました。それが、二〇二四年四月の岸田総理とバイデン大統領との首脳会談（首脳共同声明「未来のためのグローバル・パートナー」）を受けて、日米がハブとなってこの地域に格子状の安全保障ネットワークを構築していく形に変容していくと言われるようになりました。実際、二〇二四年七月の日米2プラス2では、「日米双方は、日米同盟が、豪、韓、比、ASEAN（東南アジア諸国連合）、太平洋島嶼国、NATOといった国や国際機構との多国間協力を深化・拡大するための両国の取組の中核であることを再確認しました」との結果発表がなされ、米国自身も、この地域での協力は単独ではなく日米で行う必要があることを認めています。ただ、これはすべてを物語っていません。国内ではあまり認識されていませんが、すでに数年前から、日本自身がハブとしての役割を相当程度、実質的に担っているのです。

二〇一六年に安倍総理が提唱した「自由で開かれたインド太平洋（ＦＯＩＰ）」のビジョンのインパクトは大きく、その考え方を、米国、欧州諸国、ＡＳＥＡＮなど多くの国や機関が共有するようになっています。共通のビジョンの下で、日本との安全保障協力をトップ同士で進めると同時に、各国軍が次々に日本に来て、自衛隊との協力を深めているのです。

オーストラリア、インド、イギリス、フランスからは陸軍・海軍・空軍のすべての部隊（戦闘機、艦艇、陸軍部隊）が日本に来ており、ドイツとイタリアからは海軍、空軍の部隊が来ています。いずれも自衛隊と二国間での継続的な訓練・演習を行っているのです。また、自衛隊とＡＳＥＡＮ各国軍との連携や、自衛隊と太平洋島嶼国との連携も進んでいます。また、安倍総理の主導で「マラバール」という日米豪印四カ国の共同訓練の枠組みも作られ、定期的に訓練を行っています。これも良好な日印関係があって実現したものです。さらには、日米豪、日米比、日米英豪、日米仏豪、日米英蘭（オランダ）加（カナダ）新（ニュージーランド）などの多国間の枠組みも増えていますが、いずれも日本と各国との二国間の安全保障協力がベースにあります。

これに加え、北朝鮮に対する制裁の実効性を確保する任務があります。カナダ、オーストラリア、ニュージーランドに加え、ヨーロッパの国々も日本に艦艇や航空機を派遣し、日本をベースに北朝鮮の制裁破りを防ぐべく監視をしています。
　このように、世界の安全保障にとって最大の焦点であるインド太平洋地域において、日本がハブとなって地域の平和と安全を守る主要な役割を果たすようになっていることは、広く知ってもらいたいと思います。

FOIPと「いずも」

武居　ＦＯＩＰというのは、安倍総理の遺した大変、大きな遺産ですね。

島田　ところが今の政府からは、ＦＯＩＰ（Free and Open Indo-Pacific）という言葉を聞くことはほとんどありません。アメリカはトランプ政権が採用し、その後のバイデン大統領は就任前、フリー・アンド・オープン（Free and Open）ではなくて、プロスペラス・アンド・セキュアード（prosperous and secured）、すなわち「繁栄し安全なインド太平洋」と呼びましたが、政権発足後はすぐにＦＯＩＰに戻っています。共和党政権で採用したものが民主党政権でも引き継がれたのです。しかし本家の日本の政府からはＦＯＩＰは消え去ってしまったかのような印象すら受けます。

岩田　日本発の素晴らしい概念だというのに。

島田　グローバルサウスの国々を取り込もうと考えていたり、ヨーロッパでの戦争を視野に入れているのでしょう。インド太平洋とは言わず、抽象的な「法の支配に基づく自由で開かれた国際秩序の強化」というナラティブをもっぱら使っているのです。

岩田　地球規模に拡大するということですか。

島田　外交的なスローガンとしては良いのかもしれません。安倍政権でも使ったことがあります。そもそも、ずいぶん昔から言われているフレーズですから。しかし、FOIPと二者択一の関係にはないはずです。しかも、スローガンを超えた日本の構想であるとすれば、裏付ける防衛力が必要です。なぜなら「法の支配に基づく自由で開かれた国際秩序の強化」を実現しようとすれば、「力による一方的な現状変更」を挫く能力と覚悟が必要だからです。岸田総理自ら、「外交には裏付けとなる防衛力が必要であり、防衛力の強化は外交における説得力にもつながる」とおっしゃっている通りです。しかし日本は国力的に地球規模で外交を支えることはできない。海洋国家として海洋秩序を超えて「大陸」の秩序にまで手が回るわけがありません。FOIPは日本発というだけではなく、表には言わなくとも防衛力の裏打ちのある、能力と覚悟のあるビジョンであるからこそ、日本がオーナーシップを持って世界をリードできたのではないかと思うのです。

岩田　今回の「国家安全保障戦略」に地域的な概念は書かれていませんが、日本の国力的にも、念頭に置いているのはやはり日本が影響を及ぼすことのできる地域、インド太平洋に絞られていると思います。

島田「国家安全保障戦略」では、「同盟国・同志国等と連携し、国際関係における新たな均衡を、特にインド太平洋地域において実現する」と言っています。インド太平洋という「地域」というだけでなく、海洋国家として、インド洋と太平洋という二つの「海」において自由で開かれた海洋秩序を維持・強化する。そして、地域の安定と繁栄をもたらす。この当初の考えを忘れてはならないと思います。

付言すれば、ＮＡＴＯはヨーロッパ大陸と大西洋をカバーしています。インド太平洋の秩序維持の一翼を担う日本とＮＡＴＯとの協力でグローバルな国際秩序の維持・強化に努める。これが安倍総理の「地球儀を俯瞰する外交」の一部でもあったと思います。

話を戻すと、自衛隊は東シナ海や太平洋だけでなく、インド太平洋の真ん中である南シナ海においても、ＦＯＩＰのビジョンを忠実に実行していると思います。

武居さんが始めた護衛艦「いずも」級の南シナ海の長期展開などは、とてもアメリカにはできないと思います。今や、これはＡＳＥＡＮ、あるいは太平洋島嶼国などとの公共財になっていると思います。

武居　最初に護衛艦を出したときは大きく注目されました。巨大なフラットデッキの船を出すというのは、初めてそれを見る相手を威圧する効果を発揮します。その効果に注目したのに加えて、いつの間にか海上自衛隊がやめてしまった空母的な航空機の運用訓練をしようという狙いがありました。航海しながら護衛艦のなかで飛行機をできる限り修理し、搭乗員を訓練していくということです。これをトータルで考えると、長期間、南シナ海に展開しておくことが、地域の安定のためにも海上自衛隊や日本のためにもなると判断したのです。

しかし一時、船繰りがすごく苦しい時期があって、やめることを考えた時期もありました。東シナ海の公海監視や海外展開、訓練が立て込んで、長期間、フラットデッキの船を南シナ海に出しておくことが難しくなったのです。飛行機で代用するべきだという声もありましたが、後輩たちがそれに耐えたからこそ現在もずっと続いているわけです。

もともと海軍は、外交のツールとしても存在しています。外務省は防衛外交という重要な目的のツールとして護衛艦を使っています。周辺国の海軍から人を乗せて研修させて、東シナ海の現状や日本の立場を知ってもらうほかに、若手の育成にも使っています。「いずも」は船が大きいから何人でも乗せられますからね。

島田　自衛隊は「日ＡＳＥＡＮ乗艦協力プログラム」にも積極的に取り組んでいます。南シナ海でＡＳＥＡＮ一〇カ国の士官たちを乗せて交流や訓練などを行っているのです。中国にはとてもできないものです。アメリカでもやっていないですよね。日本独自の取り組みで、非常に意義があると思います。

岩田　なかなか自衛隊は自ら外に向かってこういうことを強調しないですよね。

武居　海上保安庁も一生懸命、能力構築支援を行っているのに、海上自衛隊に似て、自分のことを大っぴらには言わない「サイレント」なところがあります。敢えて自分たちの努力を公表しないのですが、宣伝しないと実にもったいない気がします。

島田　米軍は時々、「航行の自由作戦」と称して中国の埋立地の近くを軍艦で航行しています。どちらかと言えば「ハード・パワー」という感じです。一方、自衛隊は長期にわたって南シナ海に滞在して周辺国と対等な立場で様々な協力をしています。日本流の「ソフト・パワー」という感じですが、南シナ海の航行の自由を守るという意味では、アメリカとは違った大きなコミットメントをしているのです。周辺諸国はそれをしっかりと見ていると思います。自衛隊も最近はＳＮＳなどで発信するようになっていますが、良いことは報じられないのですね。これはＦＯＩＰ実現の重要な取り組みの一つであると強調しておきたいと思います。

第五章　思考停止の核問題

議論すら葬り去られている

岩田　台湾もそうですが、核についてもきちんと議論されていません。安倍晋三総理は二〇二二年二月二七日にフジテレビの番組で核共有について次のように話されましたね。

「核の問題は、ＮＡＴＯでも例えば、ドイツ、ベルギー、オランダ、イタリアは核シェアリング（核共有）をしている。自国に米国の核を置き、それを（航空機で）落としに行くのはそれぞれの国だ。これは、恐らく多くの日本の国民の皆さんも御存じないだろう」。

そしてこう述べておられます。「日本は核拡散防止条約（ＮＰＴ）の締約国で非核三原則があるが、世界はどのように安全が守られているかという現実について議論していくことをタブー視してならない」。核の脅威が差し迫っている中できちんと核についての議論を行うべきだと提言されましたが、まったくその通りです。

また安倍総理はアメリカの核兵器を同盟国で共有して運用する核共有が、ＮＡＴＯ加盟の複数の国で実施されているとして、派閥の会合（二〇二二年三月三日）で次のようにも述べています。

「ウクライナがＮＡＴＯに入ることができていれば、ロシアによる侵略は恐らくなかっただろう。わが国はアメリカの核の傘の下にあるが、いざというときの手順は議論されていない。非核三原則を基本的な方針とした歴史の重さを十分かみしめながら、国民や日本の独立をどう守り抜いていくか、現実を直視しながら議論していかなければならない」。

安倍総理は、ＮＡＴＯの核と同じような核の共有体系を日本でも構築すべきだとは述べていません。一つの例としてＮＡＴＯを挙げただけで、強調されたのは、現実の核の脅威を直視したうえで、議論を始めることだと認識しています。

しかし、これは三月一六日に安全保障調査会で議論された結果、一日で「終わった」のですよ。そして前述のフジテレビでの安倍元総理の発言の一カ月後（三月二八日）に自民党の宮澤博行国防部会長（当時）が「核を置いた時点で攻撃対象になることなどを考えると日本に核を持つ実益がない。唯一の核被爆国として核廃絶を主導する責務があるわけで、その理想、夢は絶対に捨ててはいけない」と述べて、党内の議論は終わったとの見方を示したと産経新聞が報じていました。

せっかく安倍総理が議論しようという風潮をつくってくれたにもかかわらず、当の自民党国防部会長が「これで終わり」と勝手に幕を引いて、一日弱の議論で終わってしまったのは由々しき問題だと思います。今こそ核の議論が必要なのに、それすら葬り去ろうとするのは、核へのアレルギーが強すぎる。

武居　岸田総理は、核共有の議論をするのはいいが、日本にＮＡＴＯのような核を置くことや、有事において自衛隊が核を運用することは「絶対にやらない」と明言しています。だから考え方は宮澤さんとまったく同じです。

岩田　おそらく宮澤氏は、岸田総理の意向を踏まえたのでしょうね。確かに、有事において米軍の核爆弾を、同盟国の航空機に搭載するというＮＡＴＯのような核共有体系を日本に適用することは良策ではないと思います。適用ケースとしては、三沢の在日米軍基地に核爆弾を保管し、いざというときに、空自三沢基地所在の空自戦闘機に搭載して、敵地の攻撃に飛び立つということが考えられます。しかし、その搭載準備から、三沢基地を飛び立った戦闘機が敵地まで飛行する時間を考えると数時間を要します。その上、この戦闘機を、敵の防空網を突破して核爆弾投下位置まで進出させるには、きわめて難しいオペレーションになります。これでは、仮に適用したとしても、抑止効果は低いと思います。ではどういう方策がいいのか。それを考え、国民に選択肢を提示する。それが政治の責任だと思います。その議論のスタートすら切れないというのはあまりにお粗末です。

二〇三〇年には深刻な変化が出現

武居　二〇三〇年までに、深刻な安全保障環境の変化が生じる可能性があります。アメリカの国防総省の報告によると、二〇三〇年にはアメリカと中国の射程五五〇〇キロ以上の戦略核の配備数がほぼパリティ（均衡）になる。一方、アメリカは、中国が持っているような五五〇〇キロ以下の中距離核戦力（ＩＮＦ）と呼ばれる核兵器は全廃しています。

　したがって核大国同士が対立する状態で、持つか持たないかの完全に非対称の状況が生まれることになります。これはかつてなかったことです。そのような状況下で、日本はどのように安全保障を確保していくべきか、早急かつ真剣な議論が必要不可欠です。

岩田　アメリカ国防総省が二〇二三年に発表した「中国の軍事・安全保障に関する年次報告書」では、中国の保有する核弾頭は二〇二三年五月の段階で五〇〇発超、二〇二七年には七〇〇発になると指摘されています。この核弾頭の急速な増加に関して、アクイリノ前米インド太平洋軍司令官は、今年の三月二〇日・二一日の米上下院議会軍事委員会の場において、二〇二〇年以降の三年間で二倍に急増したことを、極めて大きな問題だと指摘しています。このペースでいけば、先ほど引用した年次報告書で、二〇三〇年には一〇〇〇発を超えると予測されているよりもさらに増加する可能性があります。いずれにしても、近いうちに戦略核はアメリカとパリティになります。まさに中国とアメリカは、今のロシアとアメリカの関係になるわけです。アメリカは、戦略核が使えない状況下では戦術核や小型の核を持っている方が実際に核を使える可能性があると指摘しています。

武居　そうすると「安定・不安定のパラドックス（Stability-Instability Paradox）」というものが出てきます。核兵器の保有状況が安定化すると、低強度紛争のリスクが高まってくるのです。二〇三〇年になると、アメリカの拡大抑止の信頼性がも相対的に落ちてきます。しかしバイデン政権は、トランプ前政権がＩＮＦの空白を埋めるために開始した核兵器搭載型のトマホーク（ＴＬＡＭ－Ｎ）の開発をやめてしまいました。

こうした状況において、もし中国が通常戦力による侵攻を始めて、アメリカの介入を阻止するために核兵器の使用をちらつかせたとしたら、果たしてアメリカは核兵器の応酬を恐れずに介入するかどうか。それが最大の問題です。

岩田さんが資料として挙げてくれたアンケート調査によれば、台湾やアメリカにおいても、中国による金門・馬祖など小島への侵攻に対してアメリカが介入しないと考える人が多数です。

岩田　戦略国際問題研究所（CSIS）が今年一月に発表した調査報告書（Surveying the Experts-U.S. and Taiwan Views on China's Approach to Taiwan in 2024 and Beyond）ですね。この報告書には米台の専門家にいくつかのシナリオを提示してアメリカの軍事介入の信頼度を調べた項目があります。「このシナリオが今後五年以内に発生すると仮定した場合、米国が北京の目的達成を阻止するために軍事介入することにどの程度自信がありますか？」という質問には、次のようなシナリオごとの結果が報告されています。

「台湾の離島を隔離」というシナリオでは、米国の軍事介入に「全く自信がない」というアメリカの専門家が五八%、台湾の専門家が五七%、「やや自信あり」がアメリカ二五%、台湾二六%ですね。ちなみに「台湾の離島を強引に占領」というシナリオでは米国の軍事介入に「全く自信がない」というアメリカの専門家が四六%、台湾の専門家が二九%、「やや自信あり」はアメリカ二五%、台湾三七%です。

武居　その結果を日本にあてはめてみると、尖閣諸島や南西諸島の小さな島々が侵略されても、アメリカが介入しないか、介入したとしても遅れる可能性がありますね。核の脅威が加わるとなおさらです。その場合、日本はアメリカの後ろ盾を失い、自らの判断で行動せざるを得なくなる。このような状況が二〇三〇年代に現実化することが予想されます。

結論は明確で、胆力のある総理大臣が必要です。核の恫喝を受けたとしても、強い決意を持って国民を導くことができなければ、尖閣諸島や南西諸島を守ることはできません。たとえ核攻撃を受けた場合も同じでしょう。総理大臣が怯めば現状変更国の思う壺にはまり、核時代の認知戦に負けたことになる。米中の相互確証破壊における決断の重さを感じるときはすぐそこに迫っています。

もし米軍基地や海軍艦艇が攻撃された場合、アメリカは必ず介入するでしょう。しかし、それ以外の施設や無人の尖閣諸島が攻撃された場合、アメリカは介入しないかもしれない。アメリカが日本防衛のための集団的自衛権を躊躇なく行使すると思われる状況は、アメリカが核優位にあって、拡大抑止が正しく機能しているときではないでしょうか。二〇三〇年代は、日米同盟にとって極めて難しい時代になると思います。

安倍総理の尖閣防衛指示

島田　ウクライナでそれが明らかになっていますね。プーチン大統領による核の使用を恐れて、欧米諸国は、二年間以上、武器の供与を質的・性能的にも、量的にも、また渡すタイミングにおいても、さらには使い方においても、ウクライナに抑制を強いてきたものと思います。ロシアが本当に追い詰められて核の使用に至る状況になるのを防ぐようにコントロールしてきたのです。まさしく、それが日本でも生じるおそれがあるということだと思います。

岩田　台湾有事は可能性があり得ます。あり得ると思って抑止力を強化しないと、ウクライナのように、本当に戦争になるわけです。戦争になった場合、ウクライナ以上に核の恫喝は、台湾や日本に効果があると思います。台湾有事において、アメリカが一番欲しがっているのは日本の支援です。それがないと台湾防衛に参戦しても防衛作戦が成り立たないとアメリカは考えています。二〇二三年に、戦略国際問題研究所（CSIS）が行った台湾有事のシミュレーションでも、アメリカの事前の展開が重要であり、日本の支援なくして台湾防衛は成り立たないという結論になっています。

日本の米軍支援は、「重要影響事態」が認定されれば、燃料補給や弾薬輸送、あるいは「存立危機事態」が認定されれば、米軍防護などができます。その日本の支援を減らすために、中国はサイバー攻撃やフェイクニュースに加えて、核の恫喝で日本国民をパニックに陥れると思います。アメリカを支援するのであれば核を撃つぞという恫喝に対して、どこまで日本人あるいは政権が耐え得るのか。極めて大きな試練となります。

日本の世論がパニックになって、国会議事堂の周りを何十万人が取り囲み、「米軍支援をやめろ！」と太鼓をならしてシュプレヒコールをあげられたときに、アメリカに対する支援を日本が継続できるのか、まさに日本政府の強い意志が重要となります。

その時のために、今から日本はどうすればいいのか、という議論もしなければいけないのに、それさえスタートできない。日本は深刻な状況だと思います。


島田　アメリカの対日防衛コミットメントには非常に強固なものがあると思います。しかしアメリカは民主主義の国なので、米軍といえども、米国民の支持がなければ、その力を効果的に発揮することはできません。だからこそ安倍総理は、尖閣諸島の防衛について、いかなる場合でも日本独力で守り抜けるだけの体制をつくれと繰り返し指示していました。そういう心構えで準備をしておくことが重要だと思います。

台湾有事に関しても、中国の台湾侵攻を成就させないだけの力を、われわれは持っておく必要があると思います。中国の弱点は、海を渡って行かなければいけないということです。台湾海峡の幅は、一番狭いところでも約一三〇キロあります。そこを渡りきって、武力で台湾を統一するのは相当に困難です。失敗すれば共産党政権の存立も揺らぐでしょう。

だから、それを成就させない。一義的には台湾軍の努力が重要ではありますが、日本が自らの問題として中国の武力攻撃の排除に動けば、中国の企ては確実に失敗する。それだけの力を日本は持つ。そしてそれを実行する覚悟を持つことが必要だと思います。

一つは、非対称的なかたちで能力を持つことです。大量の兵員・武器を運ぼうとすると、やはり船を使わなければいけません。輸送船を台湾に渡らせないことです。この点に関しては台湾側も相当な努力をしていますが、われわれも非対称な戦いに注力しなければいけません。

もう一つは反撃能力を持つことです。反撃能力の先には核抑止がありますが、日本は核をアメリカに完全に依存しており、核に関しては思考停止状態になっています。しかし、もはやそのような時代ではなくなっています。

アメリカを真剣にさせよ

島田　日本には非核三原則がありますが、このうち二原則、日本自身の核兵器に関する「持たず、作らず」の原則については、原子力基本法による規制がある。また、核拡散防止条約（ＮＰＴ）に加盟しているため条約上も禁止されている。ここにチャレンジする場合には、ＮＰＴ体制をどうするのかという点に遡って議論する必要があります。

他方、残る一原則、「持ち込ませず」については法律や条約の制約はありません。政策判断だけです。かつて民主党政権の岡田克也外務大臣が、「核の持ち込みを認めないと日本の安全が守れないという事態が生じた時は、非核三原則をあくまでも守るのか、例外をつくるのか、それはその時の政権が判断すべきことだ」、つまり、「非核三原則を守ることを基本にしつつ、緊急時には内閣の判断で例外を認める」という答弁をしています。政権交代した後、安倍政権においても岡田外務大臣が示した方針は引き継いでいると国会で答弁しています。答弁者は当時の岸田文雄外務大臣です。つまり与野党の共通理解になっている。今や非核三原則は「平素は守ることが基本だが緊急時には例外がある」という原則、言い換えれば、実質上「非核二・五原則」なのです。

そうだとすれば緊急事態における核の持ち込みについて、実際に事態が発生してから行き当たりばったりで判断するのではなく、あらかじめ様々な事態を想定して、持ち込みを認めるのか否かを議論しておく必要があります。さらに言えば、受け身ではなく、日本から持ち込みを求めるのか否か。求めるとすれば、どのような事態の場合に、どのような核の持ち込みを求めるのか。そこまで議論して、米国にも迫っておく必要があります。拡大抑止は日本の安全を守るためですから、その実効性を向上させるためには、日本の意思も重要なのです。核に対する思考が停止しているのは、危険なことだと思います。

岩田　韓国の尹錫悦大統領が昨年四月にワシントンに行って「ワシントン宣言」に合意しました。韓国の国民の六割から七割が核武装に賛成しています。まさに韓国独自核武装論が叫ばれています。尹政権は核武装否定派のようですが、韓国世論に押されて、アメリカの拡大抑止の確実性を増すため、核協議グループ（ＮＣＧ）を創設しました。それなりに一歩、前進したわけです。

わが国は韓国と違って、国民が勉強し、議論する場がなく、政治家は政治家で議論の火消しをするわけですから、なさけない状況です。韓国は国民の安全保障に対する意識が高いために、それに応えようとする政権が、核武装はしなくとも、アメリカの核抑止を強化しようという方向に進んでいます。そもそも、アメリカからすれば、「核の議論もしようとしない日本と、米国の核の傘について真剣に話し合う必要に迫られることはない」ということになるのでしょう。

岡田さんが核について答弁したのは二〇一〇年三月です。核搭載米艦船の一時寄港を認めないと日本の安全が守れないならば、そのときの政権が命運を懸けてぎりぎりの決断をし、国民に説明すべきだと述べたわけですが、一つの例として核搭載米艦船の一時寄港を挙げています。バイデン政権が現在、凍結しているTLAM－Nの生産を促進させる、あるいは情勢が緊迫したときには、小型核を搭載した艦船が日本に寄港することをアメリカに約束させて、抑止力を上げるような議論ができればいいのですが、それができないのは、日本が本気になっていないからです。日本がその気にならなければ、アメリカも真剣にはなりません。

皆さんにご意見をうかがいたいのは、一つは、日本に核の搭載艦を持ち込ませるということについてどう考えるか。もう一つは、仮に核共有を日本が行うとした場合、海自潜水艦を核共有の母体にすることは可能かということです。海上自衛隊が運航する潜水艦に核搭載型のトマホークを載せて、その運用をアメリカが管理し、横須賀、佐世保を母港として太平洋に一隻を常時展開することはできないかと思うのですが、いかがですか。

TLAM－Nの生産再開を

武居　アメリカは核の議論をすること自体をすごく嫌がります。かつて戦略軍司令官だった元米海軍大将と話す機会がありましたが、核の議論をすること自体を嫌がって、日本が核を持つことは全く考えていない印象を持ちました。その一方でアメリカの戦略コミュニティーには、核のバランスが崩れたとき日本は核を持つだろうという意見も根強くあります。アメリカ政府の中にも核抑止の信頼性が揺らぎ始めたと考えている人々がいるのかも知れません。

アメリカの戦略原潜は低出力トライデントD5という、弾頭威力を抑えた潜水艦発射弾道ミサイル（SLBM）を二〇二〇年二月から搭載しています。SLBM全体で約三〇〇発ですから、低出力弾頭（W76－2）の総数は多くはないでしょう。目的は相手が低出力の核兵器を使用するのを抑制するためです。しかし、低出力弾頭といえども通常のミサイルで運搬するため射程は最大一万二千キロもあり、発射時には相手が通常出力弾頭か低出力弾頭か区別できず、エスカレーション防止が大変に難しい。また、戦略原潜はアメリカ核抑止戦略の第二撃能力で徹底した作戦秘匿に努めており、他国へはほとんど寄港させないばかりか、一部であれ核兵器の使用に関する意思決定に他国の介在を許すことは考えられません。その虎の子の戦略原潜を日本近海に潜ませて、日米で共同運用することは不可能だと思います。

将来的にTLAM－Nをアメリカの巡航ミサイル原子力潜水艦（SSGN）、あるいは攻撃型原子力潜水艦（SSN）に搭載することができたとしたならば、米海軍はそれを日本近海に遊弋させるだろうと思います。

岩田　海上自衛隊がトマホークを何発か搭載できる通常型の潜水艦を造ることはできないですか。

武居　一隻持つだけでは意味がありません。少なくとも三隻持たないとダメです。原子力潜水艦ならば三隻持つとなると防衛省の予算がそれだけで飛んでしまいます。一隻三〇〇〇億円から四〇〇〇億円ぐらいするとして、三隻造ったら一兆二〇〇〇億円。予算の一年分がなくなってしまいますから、できないと思います。それよりも、今持っている潜水艦をトマホークが一〇本なり二〇本なり搭載できるように改造して、三隻とか四隻造って巡航させたほうが現実的だと思います。

岩田　今の潜水艦にも載せられますか。

武居　載せられます。トマホークのブロック４（旧来型）は発射管から撃てますから、それは可能です。

島田　すでに具体的に事業化されています。

岩田　スタンド・オフ・ミサイルで。

島田　そうです。もちろん非核ですが、反撃能力としても使用します。海自潜水艦の魚雷発射管から撃てますが、そうすると魚雷の搭載数が減ってしまうので、魚雷とは別途の専用発射管を備えた潜水艦の建造もすでに計画されています。

武居　アメリカに行ったとき、なぜ米海軍はＴＬＡＭ－Ｎを持たないのかと訊ねたら、管理が難しいということでした。ＳＳＮに積むと、管理上でやたらと煩雑な手続きが出てきて、米海軍はやりたくないのだと言っていました。たとえば核を発射するには大統領の認可が必要ですし、発射のための鍵は誰が持つのかという話になります。存在を秘匿しながらどうやって通信するのか、装備面でも煩雑な手続きが必要になるため嫌がっているそうです。バイデン政権が開発を中断したので、ＴＬＡＭ－Ｎはもうやらないということのようです。

岩田　もしトランプ氏が返り咲いたらどうですか。

武居　やるかもしれません。

岩田　それに合わせて、日本もやれないですか。

武居　アメリカがＴＬＡＭ－Ｎを持てばＩＮＦの空白が埋まります。そうすれば抑止力の均衡は今よりもずっとよくなります。アメリカの拡大抑止力も向上することが期待できますね。

岩田　アジア地域におけるミサイルギャップと併せて、戦術核のギャップも埋めることができるわけですから、やるべきだと思います。

武居　核問題の専門家はだいたいそう思っています。

だまって滅びるわけにいかない

岩田　昨年、アメリカのＣＳＩＳが出した報告書『プロジェクト・アトム２０２３』（Project Atom2023）では、アメリカにとっては日本に核をもたせないことが極めて重要だと書かれていました。韓国に対しても同じです。台湾有事における日米防衛計画の中で、米軍がしっかり日本を守るから、つまり核抑止をやるから日本は黙っておけということです。アメリカとしては日本に核保有を絶対させないという強い姿勢です。

武居　韓国の尹大統領がアメリカに行ってバイデン大統領と合意した「ワシントン宣言」も、それが目的です。「ワシントン宣言」は韓国に核拡散防止条約（ＮＰＴ）を遵守させるためのものです。今後、日本がアメリカと何か宣言したとしても、その中には絶対に「ＮＰＴ遵守」という文言が入ると思います。

岩田　アメリカは同盟国の核保有について否定的です。ＣＳＩＳの報告書では次のように述べています。

「ロシア、中国、北朝鮮の核及びその他の防衛能力の向上を考慮すると、アメリカは同盟関係を管理する上で三つの核に関する主要な目的を考えるべきだ。一つは核抑止力の信頼性と拡大の信頼性を自らアメリカが強化する。二つ目は、同盟国とより大きな投資、統合、協力を通じて非核の防衛と抑止力を強化する」

さらにカッコでくくって、「日米防衛計画は魅力的なモデルを提供する」。

要は核兵器を持たない共同作戦計画によって守る、と。

そして三つ目がポイントです。

「非核兵器の脅威を抑止する上での核兵器の役割を可能なかぎり削減し、同盟国による核兵器の取得や核の潜在性に対する障壁を強化する」

つまり同盟国には核の取得・保有もさせないし、核の潜在性も議論もさせない、というのがCSISの結論です。アメリカはNPT体制を堅持して、日本や韓国、サウジアラビア、もちろんイランにも核を持たせないという強い意志が表れています。これを見ると、日本の独自の核武装は結局、夢物語のように思えます。

しかし、海上自衛隊の潜水艦にトマホークを載せて、アジア地域のミサイルギャップと戦術核のギャップを埋めるという路線を、私は追い続けるべきではないかと思います。アメリカと拡大抑止の議論を行う了解を国民から得た上で、アメリカに要求を突きつけることによって、アメリカもまた中国を抑止できることになります。

島田　核についてアメリカと協議をするにあたっての基本的なスタンスは、拡大抑止の信頼性を維持、強化するということですが、信頼性には二つの側面があります。一つは抑止される相手が信頼するかどうかです。つまり抑止されてくれるかどうか。もう一つは、日本がアメリカの核の傘を信頼するかどうかです。信頼できなければ同盟国といえどもフランスのように独自の核を持つという路線もあるわけです。ですから日本は「俺たちをもっと信頼させてくれよ」という形でアメリカに迫る必要があると思います。

武居　中国や北朝鮮の核恫喝によって日本のどこかの領土が占領されたり攻撃されたりしたときに、アメリカがもし何もしなかったとすれば、日本は核保有を真剣に考えると思います。その時点で日米同盟は破綻します。

岩田　そうなってからでは遅いので、今からアメリカと議論しなければなりません。しかし自民党にその気がない。

島田　その背景には国民世論があるのでしょう。多くの日本人は核廃絶に対する強い思いをもっています。しかし、万が一、アメリカの拡大抑止が機能せず、わが国に対する核の使用という最悪の事態に至ったとすれば、日本は今度こそ、必ず核保有国になると思います。日本としても、そのまま滅びてしまうわけにはいきません。再び日本が立ち上がったとき、中国は強力な核保有国を隣に抱えることになる。そのことを中国は認識すべきです。私は、核使用後の世界の秩序まで見通した場合、この点は抑止力としても機能するのではないかと思うのです。

安倍総理の核と反撃能力構想

岩田　自民党には岸田総理を慮る勢力がいたため、核の議論を許さない状況にあったのだと思います。世論を変える政治家が出てこないと、日本はダメだと思います。

武居　政府が導入を決定したスタンド・オフ防衛能力、または反撃能力はおそらく数千発に達するでしょう。これはアメリカにとっても非常に大きな抑止力になり、アメリカの核抑止戦略の一つの階段を日本が提供することができると考えられます。

したがって今後、日米でアメリカの抑止力の中に日本の防衛力をどうやって統合させていくかを話し合う必要があると思います。これは拡大抑止の協議の中で検討されるべき事項だと思います。現時点でアメリカには日本からどのクラスの人が派遣されているかわかりませんが。

岩田　二〇二三年一二月に行われた日米拡大抑止協議には、外務省からは北米局参事官、防衛省から防衛政策局次長が参加しています。米国側は、国務省軍備管理・抑止・安定性局次官補代理と、国防次官補代理です。いわゆる審議官クラスですね。今年の四月一〇日に行われた日米首脳会談において発出された日米共同声明には、「次回の日米『2+2』の機会に、拡大抑止に関する突っ込んだ議論を行うよう、日米それぞれの外務・防衛担当閣僚に求める」とありますので、変化があると期待していたところ、二〇二四年七月二八日、拡大抑止に関する日米閣僚会合が、東京において開催されました。核を含めた米国の拡大抑止に関しては、これまで十数年にわたり事務レベルの会合でしたが、閣僚である政治レベルで議論されたのは初めてです。

この閣僚会合後の共同発表には、「閣僚は、米国の核政策及び核態勢並びに同盟における核及び非核の軍事的事項の間の関係性について緊密に協議する両国のコミットメントを再確認した。閣僚は、日米の抑止力及び抑止の方策に係る議論を継続する意図を改めて確認した」とあります。ウクライナにおいて、ロシアによる戦術核使用の可能性が懸念される中、極東正面においても、いずれは中国による核恫喝、核使用の危険性が指摘されていることは、先に述べたとおりですが、このような時、この共同声明は時宜に適しており、重要な一歩を踏み出したと評価できます。

中でも、「同盟における核及び非核の軍事的事項の間の関係性について緊密に協議する」との確認は重要です。日本独自の核保有による抑止が難しい現状において、戦略核戦力による抑止を米国に委ねながらも、日本として、通常戦力による最大限の抑止力強化に努力することは、米国の核戦力及び日本の非核戦力の関係性を強化することになります。

武居　アメリカの核の状況を見て、よかったと安心するのではなく、具体的な作戦計画に至るまで議論を深めていくことが重要です。せっかく日本がこれほどの防衛能力を用意するのだから、それを抑止力としてどう生かすのかを協議するべきだと思います。

岩田　その前提として、国民世論を啓蒙すべきです。今こそ核について議論をしなければいけないのだという風潮を政治家がつくらなければいけないと思います。

島田　拡大抑止協議は従来から審議官クラスでやってきているため、「ランクが低い」、「閣僚級に格上げすべし」という意見がよく聞かれました。しかし、私は審議官クラスでの協議ではダメだとは思いません。もちろん審議官クラスまでだけの判断で議論するのでは意味がありません。一つは協議の内容が問題であり、二つは、これまでも閣僚級、首脳級での議論は可能だったということです。重要なことは日本の意思や対処方針を政府トップまで諮って協議を行うことであり、その内容を閣僚や首脳がそれぞれのレベルでフォローし、魂を入れていくことでしょう。

「どういう場合に核を使うのか」とアメリカに聞くだけでは、公になっているポリシー以上のことは言わないでしょう。レベルを上げても変わらないと思います。重要なことは、「こういう場合には核を使用してもらいたい」という日本の意思でしょう。詰め寄る気迫です。中身の議論なく、閣僚級に格上げされて満足、というのでは、見かけは良くなりますが、実質的な意味は少ない。もっとも、そんなことで満足してくれて、アメリカはホッとしていると思います。

アメリカと議論する前に、われわれはどのような覚悟でスタンド・オフ・ミサイルを使うのかということを具体的に決めておくことも重要です。日本の防衛のためにはアメリカの意向に沿わない場合でも使うという、それくらいの覚悟を持って協議しないといけない。最初からアメリカに意向をうかがうだけ、アメリカの考えに従ってスタンド・オフ・ミサイルを使うのであれば、日本が独自に持った意味がありません。言い方を変えれば、アメリカのミサイルを日本が肩代りして買ってあげただけになりかねません。独自に使う覚悟があってこそ、アメリカとの意味のある協議になると思います。

岩田 スタンド・オフ・ミサイルの先に核弾頭を載せれば、核反撃は日本独自でやれます。それくらいの能力を持つことで抑止することは可能です。

島田　核を搭載していないスタンド・オフ・ミサイルであっても、相当な数量を持つことによって、日本も、核使用の手前までの事態のエスカレーション・コントロールは行うことができる。その先はもはや核使用しかないというところまで主体的に考え、その先は、誤解を恐れずに言えば、米国に核使用を求める。どのような事態になれば米国に核使用を迫るのか、そこまで主体的に構想し、米国と協議する必要があるでしょう。そうしてようやく拡大抑止の信頼性、二つの側面での信頼性が高まるのだと思います。安倍総理はそのような覚悟を持って、反撃能力について構想しておられたと思います。その覚悟がないと、スタンド・オフ・ミサイルを持っても宝の持ち腐れになってしまいます。

「戦術核に対し通常戦力で対抗する」

岩田　核の議論を真剣に進めるのと並行的に、もう一つ、速やかに具現化すべき対応策として、武居さんや島田さんがおっしゃったように、非核弾頭ではあるが、長射程のスタンド・オフ・ミサイルを数千発保有することにより、中国の戦術核攻撃を抑止するという可能性も検討すべきだと思います。

実は二年前、ロシアの戦術核攻撃に対し、米国が通常戦力で抑止を図ろうとした経緯があったと報道されています。二〇二二年一〇月頃、米国がロシア側の極秘の通信を傍受したところ、ロシア軍内部で核兵器の使用について頻繁に議論が行われていたと、ニューヨーク・タイムズ紙が去る三月九日に伝えています。同日、CNNテレビも、この時期ロシアが戦術核兵器でウクライナを攻撃する可能性をバイデン政権が懸念していたと、政権当局者の話として報道していました。ちょうどその頃は、ウクライナの反転攻勢が成功し、ウクライナ北東部のハルキウを一挙に奪回した時で、ロシア軍が総崩れとなる可能性があった時期でした。事実、プーチン大統領は二〇二二年九月二一日の国内向けテレビ演説で、核兵器を使用する用意があると警告していました。

これに対し、当時、米国は、もしウクライナに核が使われた場合、強大な通常戦力でウクライナ国内にいるロシア軍を殲滅するという報道も流れていました。これは、核に対して核で報復するのではなく「戦術核に対し通常戦力で対抗する」という考えであったのだと思います。核攻撃の連鎖に発展させず、通常戦力により核攻撃を抑止する極めて賢明な抑止方法だと認識しています。もちろん、生半可な通常戦力では抑止効果は期待できません。圧倒的な通常戦力が必要です。

現状、米中間の戦力のミサイルギャップは、短距離〜中距離域（三〇〇〜五五〇〇キロメートル）において激しく、〇対二八〇〇発です。このギャップを日本が通常戦力において埋めることにより、台湾有事において、中国が日本に戦術核を使おうとした場合、米国の戦略核戦力と相まって中国を抑止する。このような視点に立った議論も必要と思います。具体的には、中国の戦術核攻撃実行に不可欠な指揮・統制施設、戦術核発射施設などの軍事目標に、日本の非核戦力によって反撃を加えるというものです。この反撃の手段には、現在開発中のスタンド・オフ・ミサイルの射程延長や極超音速滑空弾が考えられます。

一方、米国は、戦略核レベルにおいて中国を抑止するとともに、日本の反撃力行使に際しては、日本への軍事情報の提供及び日本の攻撃が及ばない軍事目標に対する非核攻撃を実施します。このように日米共同で中国の戦術核攻撃を抑止する。これは、核攻撃を通常戦力で抑止する一方で、核戦争へのエスカレーションは防止するという、日本独特の抑止施策は効果があるのではないでしょうか。

これはあくまでも一案ですが、今後、日本のスタンド・オフ・ミサイルや極超音速滑空弾によって増進される抑止力を、日米共同による核抑止力として、どのように構築していくか、具体的に詰めていくことがまさに求められていると思います。重要なことは、どうすれば、日本に対し「二度と核を撃たせない」抑止態勢が構築できるかなのです。

武居　ＮＡＴＯの核共有の一番重要な部分に、核のコンサルテーション（検討会議）があります。ＮＡＴＯ加盟国全部が参加して、核の使用、作戦計画にまでコミットしていると言われますが、実際には「そのようなことはない」とある米軍関係者は言っています。

一方、韓国のコンサルテーションはそれより下で、核の使用についてまで韓国はコミットしません。ところが日本はさらにずっと下で、核戦力についての協議すらしません。少なくとも日本も「ワシントン宣言」のような協議をアメリカと行うべきだと思います。韓国を加えて、日米韓三カ国による拡大抑止を話し合う枠組みをつくってもいいと思います。

岩田　日米韓それぞれ核についての目標が違うために、向こうも嫌がると思いますが、どうでしょうか。

武居　韓国の場合は相手が北朝鮮です。北朝鮮は韓国に対して、もう友好的な平和統一はないと言っています。韓国との平和統一を拒否して「二国家論」を主張していますね。私は次の大統領選挙でも保守政権が継続できれば、三カ国の安全保障の枠組みを作ってもいいと思っていたのですが、昨今の韓国の政治情勢では保守再選は難しいかもしれない。

再び「共に民主党」の大統領が現れても、金正恩朝鮮労働党総書記が韓国を敵と呼ぶ「二国家論」がある限り、文在寅政権とおなじ対北融和政策を取ることはできず、北朝鮮がロシアの支援を得て核兵器や弾道ミサイルの脅威を高めているときに、嫌米政策も取れないでしょう。ここから「共に民主党」が政権を取っても、安保政策は尹錫悦政権と大差ないのではないかという見積もりが出てくるのですが、彼らのもうひとつのレーゾンデートルである反日政策には影響しないので、日本を含むトライラテラルの関係は崩れる可能性がある。だからこそ今のうちに次に誰が大統領になっても覆すことができない関係を築くべきだという意見もありますが、韓国は慰安婦問題の最終的で不可逆的な合意ですら破った前歴を考えると、思考は振り出しに戻ってしまう。

岩田　韓国は軍事的には北朝鮮が正面です。台湾有事の際に、アメリカが在韓米軍の一部を台湾に使うべく韓国との間で協議をしたところ、韓国が頑強に抵抗したという報道がありました。在韓米軍は北朝鮮抑止のためにいるわけで、そこから出ていってとは困ると強く言ったそうです。

その気持ちはわかりますが、アジア・太平洋地域の全体のことを考えると、在韓米軍に出ていくなという考えは、少し見直してもらう必要があります。習近平主席は、台湾侵攻に際しては、金正恩総書記に対し、ミサイル攻撃の準備や、あるいは、実際に日本海、太平洋に向かって、ミサイル発射を要請するでしょう。プーチン大統領に対しても、オホーツク海で大軍事演習を実施するよう要請すると予測できます。そうなると、自衛隊、米軍は、どうしてもその戦力の一部を北朝鮮のミサイル及びロシア軍の演習対応に当てざるを得ません。日米戦力は台湾も含む、北朝鮮、ロシア三つの正面に分散されるわけです。逆に、中国軍は台湾に集中することができるのです。台湾有事には日米韓の連携が重要ですから、三カ国による戦略協議の枠組みを設定し、そこに韓国を引き込む意味は大きいと思います。

安倍総理が託した宿題

島田　アメリカの日本防衛への関与について、日米首脳会談などでは、「核を含むあらゆる能力を用いた、日本の防衛に対する米国の揺るぎないコミットメント」が繰り返し表明されています。私は、これは信頼できるものと考えています。ただ、その中身が問題です。

多くの日本人は、日本が攻撃された場合、自衛隊だけでは守り切れないが、米軍がすぐに駆けつけて敵を追っ払ってくれる、というイメージを持っているかもしれません。それが絶対に間違いだとは言いませんが、日米で文書化された内容、言い換えれば、コミットメントの前提となっている内容を、念のため、再確認しておく必要があると思います。

日米安保条約第五条は、まさにアメリカの対日防衛義務を定めた規定です。しかしそこには、アメリカは日本に対して攻撃が行われた場合、「自国の憲法上の規定及び手続に従って共通の危険に対処するように行動することを宣言する」と書かれているだけです。「共通の危険に対処するように行動する」とは、侵略対処のため、アメリカは日本と一緒に行動するということです。

では、一緒に行動する、その中身は何でしょうか。安保条約に基づいて、日米の役割や任務分担を示した「日米防衛協力のための指針」、いわゆる「ガイドライン」の最新版（二〇一五年）には、よりはっきりと「Japan will maintain primary responsibility for defending the citizens and territory of Japan」と書かれています。「primary responsibility」、つまり「日本の国民及び領域の防衛」については、日本が主体的な責任を担うと述べられているのです。

岩田　当然ですよね。

島田　ではアメリカは何をするのかというと、「日本と緊密に調整し、適切な支援を行う」と述べられています。つまり支援を行ってくれますが、自衛隊より前に出て、日本を守ってくれるということではありません。

拡大抑止の前提となる打撃力の使用についても、「米軍は、自衛隊を支援し及び補完するため、打撃力の使用を伴う作戦を実施することができる」と述べてあって、英文では「The United States Armed Forces may conduct operations involving the use of strike power」となっています。日本文では「できる」、英文では「may」なのです。打撃力を行使するという約束はしていない。したがって、いかに両国が実質的に信頼性を高めていくかが大事になります。

安倍総理は打撃力の行使については、核に至らないものも含めて、総理大臣としてアメリカの大統領と直接話さなければいけない課題であると強く認識されていました。そしてオバマ大統領やトランプ大統領と首脳会談を行うたびに、アメリカの日本防衛への関与を確実にするための努力を行っておられた。

首脳同士が信頼関係を深めるのはもちろん大切ですが、それをある程度、制度化することも重要です。かつての西ドイツの場合、当時のソ連を中心とするワルシャワ条約機構軍の圧倒的な陸上兵力の侵攻を止めるためには、自国の領土で米国の戦術核兵器を使用することが現実的な選択肢だという切迫した状況がありました。それが核共有という仕組みができた背景にあると思います。日本についても、今や、核の使用が現実的な課題となっているだけに、アメリカの拡大抑止の信頼性を制度的に担保する必要があると思います。

ただ、安倍総理はＮＡＴＯの核共有の仕組みを日米にも導入すべきと主張したといわれているようですが、それは正しくありません。実際は、ＮＡＴＯの核共有の仕組みに言及した上で、「世界の安全がどう守られているかという現実についての議論をタブー視してはいけない」「国民や日本の独立をどう守り抜いていくのか現実を直視しながら議論していかなければならない」ということをおっしゃったのであり、核に関する思考停止を諫める問題提起をされたのです。

武居　日本は今まで受けたことがないような核の脅威を受けています。冷戦時代とは違って、実際に北朝鮮が核を使うかもしれないし、中国も使うかもしれません。そうした脅威の中で、日本はどうやって対処するのか考えろというのが、安倍総理から託された宿題であると思います。二〇三〇年には、これまで存在しなかった戦略核バランスが大きく揺らぐ世界が西太平洋に出現するのです。政府が今、考えないで、いつ考えるのかと思います。核戦略に詳しい専門家たちは強く警鐘を鳴らしていますが、政治が動かない。

岩田　岸田総理は広島県出身で、核については三原則堅持しかないという姿勢でした。公明党の山口那津男代表も、スタンスは岸田総理と一緒です。政権トップの二人が脅威認識をまったく理解できていなかったという深刻な状況です。

武居　先ほど島田さんのスタンド・オフ・ミサイルに関する話を聞いて思ったのですが、私の思考方法には決して褒められない癖があって、困難にぶつかるとすぐ次善の策を求めてしまいます。政治がこうだから、ではこういう方法があるだろう、と。でも防衛の本質を考えるときにこれではダメですね。核でも尖閣の問題でもそうですが、政治問題化を避けようとする官僚はすぐに次善の策を求めようとします。小ずるいというのか（笑）。

島田　それは小ずるいというより、現実的なんじゃないですか。

武居　それでは国を誤る。今の人たちが島田さんのように考えてくれているかどうか。

岩田　今回、反撃能力を作ったメンバーは考えてくれていると信じています。

島田　安倍総理は、日米同盟は大事だが、最後には日本の自助努力でこの国を守らなければいけない。その責任は自分にあると強く認識されていました。だからこそ、スタンド・オフ・ミサイルの導入など、非核の範囲内で日本自身の抑止力を高める取り組みを行ってこられた。日本の安全を守るのは日本政府の責任です。だから各幕僚長の皆さんにも厳しいお話があったと思います。決して自衛隊に優しい総理ではなかったと私は思っています。

岩田　でも、そのお陰で、陸上自衛隊では南西諸島防衛、南西シフトの構想がほぼ同時にできましたからね。やはり安倍総理のお陰だと思います。

島田　安倍総理は、政治家には二種類あって、「闘う政治家」と「闘わない政治家」がいる、とおっしゃっていましたよね。今こそ「闘う政治家」が必要なのではないでしょうか。

岩田　最近、そうした政治家を見ないですね。台湾にしても、靖国問題、核、憲法改正にしても敢然と闘う政治家がいません。

第六章　憲法改正は精神論ではない

終戦直後の思想を反映した憲法

武居　戦後の国際的秩序は、力による一方的な現状変更を許さないという考え方で築かれてきたわけですが、しかし、現在はこの原則が崩れつつあります。一部の人々は国連憲章を守れば大丈夫だと信じています。日本も国連憲章を重視していますが、同時に現状変更を試みる勢力にいかに対処するかということも考えなければなりません。このような二律背反する要求をどう満たすかが、現代の安全保障政策の課題だと思います。

島田　戦後の国際秩序はアメリカの圧倒的な力によって裏打ちされ、維持されてきた面があります。その力が相対的に低下している以上、日本は国際社会の主要なアクターとして、主体的に国際秩序を支えていく必要があります。そのために必要な力を持つ。そしていざとなればそれを使うという意思が必要です。それなくして「力による一方的な現状変更」を抑止することはできません。国際の平和と安全に責任を持つべき国連安全保障理事会の常任理事国が公然と国連憲章を踏みにじっているのが現実です。志を同じくする国々と協力して力を結集していく必要がある。その前提となるのが日本自らの努力だと思います。

岩田　はっきり言って、「力のない平和」などというものは存在しません。日本人には自分たちが攻撃力を持たなければ、相手は攻めてこないという戦後民主主義の幻想、お花畑的な空想を排除してもらわなければいけません。現在のウクライナ戦争からその教訓を学ばなければなりませんが、学ぼうとしない人たちがいるんですよ。

島田　それこそ憲法の思想そのものだと思います。憲法の前文には「政府の行為によつて再び戦争の惨禍が起ることのないやうにする」と書いてあります。日本国憲法において、戦争を起こす主体は日本国政府なのです。日本国政府が戦争を起こさなければ平和は保たれるという発想です。それゆえに、「陸海空軍その他の戦力は持たない」という九条につながるのです。そういう意味で、岩田さんがおっしゃるような方は憲法の思想に忠実だということかもしれません（笑）。

岩田　これにプラスして、憲法前文では「平和を愛する諸国民の公正と信義に信頼して、われらの安全と生存を保持しようと決意した」と述べています。要するに諸外国には公正と信義があるという前提なのですが、今のロシアや中国、北朝鮮を見ると、そんなものはないですよね。

武居　そう。憲法が策定された時代にはもう戻れない。

岩田　われわれはその時代には戻れないのだという認識を日本人に持ってもらわないといけない。昭和二一年に憲法が公布され、その前年に国連が設立されました。日本国憲法草案作成の中心的役割を果たしたGHQのコートニー・ホイットニー民政局長やその部下チャールズ・ケーディス民生局次長が、国連との関連性について考えていたという事実を承知していませんが、国連ができたのだから公正と信義に頼ってもいいはずだという前提があったのかもしれません。いずれにしても、第二次大戦が終わって国連ができる、その状況下で日本国憲法の前文はつくられたのです。

しかし、その国連はいまやまったく機能しない。ウクライナ戦争、ガザ紛争で、それが明確になったときに、いつまでこの前文を掲げているのかということです。あまりにも時代遅れです。

島田　おっしゃる通りです。国連憲章の中には第二次世界大戦中に連合国の敵国であった国々への扱いを規定した「旧敵国条項」があります。日本などがおとなしくしていれば、今後の国際秩序は安定だという発想が、戦後の一時期にはあったのです。この当時は、ソ連も、中国も、みな連合国の仲間でした。北朝鮮という国はまだ存在すらしていませんでした。もうはるか昔の話です。しかし、今の日本国憲法にはそうした当時の思想が反映されたまま固定されていて、現状とはまったく合わないものになっています。

安倍総理の断腸の思い「自衛隊明記」

岩田　第一次安倍政権のときに、安倍晋三総理は「戦後レジームからの脱却」を主張されました。二〇〇七年の一六六回国会の施政方針演説でこう触れています。

「憲法を頂点とした、行政システム、教育、経済、雇用、国と地方の関係、外交・安全保障などの基本的枠組みの多くが、二一世紀の時代の大きな変化についていけなくなっていることは、もはや明らかです」「今こそ、これらの戦後レジームを、原点にさかのぼって大胆に見直し、新たな船出をすべきときが来ています」。

　私はこれを聞いて感激しました。まさに憲法は国の基本的枠組みの頂点にありますが、国のかたちを定める憲法の根本がもはや時代遅れになっているという安倍総理の認識はその通りだと思ったのです。時代の大きな変化についていけなくなった憲法を見直すぞという決意を示すことは、日本の平和に対する本気度を示すことになります。

　二〇二二年一二月に閣議決定された「国家安全保障戦略」の文書の最後に、日本は「希望の世界か、困難と不信の世界かの分岐点に立ち」と書いてあります。まさに今、われわれは否応なく困難と不信の世界に向かっています。そういう時代なのに、「公正と信義に信頼して、われらの安全と生存を保持」することなど不可能です。信用できない相手に命を預けるなんてできるわけがないでしょう。ここをまず議論しなければばいけないと思います。

今の憲法改正に関する与党の方針に憲法前文は入っていないので、今回は間に合わないものの、この議論は絶対に欠かせないと思います。憲法改正を考えるときに基本的なところでしょう。

島田　安倍総理が実現を目指した「自衛隊明記」について言えば、憲法に自衛隊の存在を明記するだけでは意味がないという議論があります。しかし私は自衛隊を明記することで自衛隊違憲論に終止符を打ち、日本の防衛に対する国民の決意や意思を世界に示すことができると思います。抑止力が効果を発揮するためには、能力を持ち、その能力を行使する意思を持ち、そしてそれを相手に認識させる必要があります。自衛隊明記による抑止力の向上の効果は非常に大きいと思います。

武居　外務大臣を務めた高村正彦さんが、憲法改正について自民党案が出たときにこう言いました。「憲法九条一項は絶対維持しないといけない。だが、他国の軍国主義で侵略されることで戦争の惨禍に遭うことも十分可能性がある。憲法九条二項は文言にだけ固執すると抑止力を持ってはいけないかのような規定がある。理論的には九条二項を削除したほうがいい。現実的平和主義には平和外交努力が最も大切だが、一定の抑止力が必要だ」と。

そしてその次が重要なのですが、「最低限、自衛隊の明記はしないといけない。憲法九条の一項、二項を維持したまま、自衛隊を明記することで自衛隊の合憲性だけは紛れもない事実だということになる。最終的に国民投票を乗り越えないといけない。ここが実現可能な限度かなと思う」と述べています。

まずは自衛隊の明記を目指そう、現実的に考えるとこうだ、というのが高村さんの考え方だと思います。必ずしも理想とは言えないけれども、まずはここだけはやろう、と。一度、憲法を改正したならば、二回、三回と改正できることになるでしょうが、最低でも「自衛隊の合憲性だけは紛れもない事実として示さなければならない」という考え方はもっともだと思います。安倍総理も真剣に自衛隊を明記することを考えていたのだろうと思います。

島田　自衛隊明記について言えば、武居さんがおっしゃったように、安倍総理は理想のかたちではないということを重々わかっておられました。しかし、九条二項を削除する抜本改正を唱えるだけで、実際には何も結果を出せなければ、それは政治ではない。政治は結果を出さなければいけない。そう考え、安倍総理ご自身が現実的にできることは何かと考えた末に、苦渋の選択として導き出されたのが憲法への「自衛隊明記」でした。公明党も受け入れられるはずの「加憲」です。理想ではないが、その代わり、自分達の世代の最低限の責任として、「自衛隊明記」は必ず実現する。それが安倍総理の結論でした。私は、安倍総理が、まさに断腸の思いで、憲法九条の抜本改正ではなく、自衛隊明記に舵を切った、その苦悩、その思いを、間近で見てきました。高村さんは自民党副総裁として安倍総理の思いを真正面から受け止められたのだと思います。そして自衛隊明記は、党大会にも報告され、自民党としての方針になったのです。

ところが安倍総理亡き後、国会で具体的に議論されているのは、議員任期の延長だけになってしまいました。このような改正だけでは、仮に発議しても国民投票で否決されるかもしれません。憲法問題の根本は自衛隊の問題です。正面から、しっかりと議論し、自衛隊明記は必ず発議し、実現してもらいたいと思います。

その上で、次の課題として、憲法九条の抜本改正についても議論を行っていく必要があります。

岩田　初代宮内庁長官だった田島道治さんの『拝謁記』に、憲法について昭和天皇のお言葉が出ています。昭和天皇は憲法について「他の改正は一切触れずに軍備の点だけ公明正大に堂々と改正してやった方がいい」「侵略者のない世の中になれば武備は入らぬが侵略者が人間社会にある以上軍隊はやむをえず必要だ」と述べられています。

まさに正論だと私は思います。

「日本占領の究極の目的」

島田　憲法問題の根本はアメリカの占領政策に起因していると思います。すでに公になっていますが、「降伏後に於ける米国の初期の対日方針」という公文書があります。日本の降伏後、アメリカの国務省、陸軍省、海軍省の三省調整委員会で一九四五年八月三一日に承認され、九月六日にトルーマン大統領の承認を受けたものです。当時はトップ・シークレットでした。

その冒頭に、「日本占領の究極の目的」という項目があり、こう書いてあります。「日本が再び米国の脅威となり又は世界の平和と安全の脅威となることがないよう保証すること」。その「保証」の手段として憲法は制定されたわけです。

マッカーサーは、GHQの民政局に対して憲法草案を作成するよう命じた際に、草案に盛り込むべき必須の要件を「マッカーサー・ノート」として示しましたが、その中には、次のように明記されていました。

「国権の発動たる戦争は、廃止する。日本は、紛争解決のための手段としての戦争、さらに自己の安全を保持するための手段としての戦争をも放棄する。日本は、その防衛と保護を、今や世界を動かしつつある崇高な理想に委ねる。日本が陸海空軍を持つ権能は、将来も与えられることはなく、交戦権が日本軍に与えられることもない。」

（War as a sovereign right of the nation is abolished. Japan renounces it as an instrumentality for settling its disputes and even for preserving its own security. It relies upon the higher ideals which are now stirring the world for its defense and its protection. No Japanese Army, Navy, or Air Force will ever be authorized and no rights of belligerency will ever be conferred upon any Japanese force.）

ここに、憲法前文と九条の核心部分が示されていました。そして、これをベースにＧＨＱ草案（マッカーサー草案）が作成され、日本政府に示されたのです。驚いた日本政府は草案をどの程度修正して良いかＧＨＱに問い合わせますが、ＧＨＱからは、「ＧＨＱ草案は一体をなすものであり、字句の変更等は可能だが、その基本原則についての変更を認めない」と言われたのです。そのため、政府は、草案に従って日本案を作成せざるを得ませんでした。

このような作成過程における核心的事実は国民には伏せられていました。検閲も行われていた。憲法前文で「平和を愛する諸国民の公正と信義に信頼して、われらの安全と生存を保持しようと決意した」といっても、日本は占領されており、独立主権国家ではなかったので、本当の意味での国民の決意ではありません。主権を失った日本国民は「憲法制定権力」を持っていません。憲法に書いてある「国民の決意」はフィクションなのです。

このように、憲法は占領中に占領政策に沿って作られました。それが典型的に表れているのが先ほども述べた「政府の行為によつて再び戦争の惨禍が起ることのないやうにすることを決意し」と書かれた憲法前文です。そして九条で戦争の放棄、戦力不保持、交戦権の否認へと続く。要するに戦争を起こすのは日本政府であり、それを防ぐことが憲法の大きな目的だったのです。日本に対する侵略を防ぐための国防条項や緊急事態条項がないのは、占領政策の当然の結果なのです。

「日本が戦争をしなければ世界は平和なのだ」という発想の下に作られたのが日本国憲法でしたが、しかし、すでに占領中、憲法が制定された直後に北朝鮮が建国を宣言し、朝鮮戦争が勃発しました。東西冷戦が始まり、仲間であったソ連も中国もアメリカの敵になりました。まさに岩田さんが指摘されたように「平和を愛する諸国民の公正と信義に信頼して、われらの安全と生存を保持しよう」という方針が現実的でないことが早くも明らかになったのです。ではその結果どうしたか。憲法を改正するのではなく、日米安保条約を結んだのです。

日本がサンフランシスコ平和条約と同時に米国と結んだ旧日米安全保障条約にはこう記してありました。「日本国は、武装を解除されているので、平和条約の効力発生の時において固有の自衛権を行使する有効な手段をもたない。無責任な軍国主義がまだ世界から駆逐されていないので、前記の状態にある日本国には危険がある」。

これを見ると、米国の情勢認識が明らかに変わったことがわかります。憲法前文とは正反対のことが書いてあるのです。それにもかかわらず、米国は憲法をそのままにして占領を終えました。日本は、「無責任な軍国主義が駆逐されていない世界」で、憲法のくびきにより「自衛権を行使する有効な手段」を持たないままで生きていくことになったのです。「平和を愛する諸国民」ではなく「アメリカに依存して」われらの安全と生存を保持する以外に現実的な方策はありませんでした。そして、これは米国のポスト占領政策でもあったのです。結果として、この方策はけっこう長持ちをしたということだと思います。

しかし、もはや限界に近づいています。今を生きるわれわれが次の体制をつくっていく必要があります。過去の延長線上では、この国の安全を維持していくのは難しい時代になっています。

武居　その通りだと思います。

なぜ九条二項撤廃が必要か

島田　安倍政権の下で今の時代に即した平和安全法制を作り、集団的自衛権が行使できるようなりました。しかし、憲法を変えず解釈を変えただけなので、限定的です。ですから日米安保条約の仕組みを変えることはできずに、条約上は依然としてアメリカに守ってもらい、日本は基地を提供するという関係です。完全に相互に守り合うという関係にはなりませんでした。他の同志国との間でも、同盟関係になることはできないわけです。フルスペックの集団的自衛権行使ができないために、他国を守るという約束ができないのです。今や一国だけで自国の安全を守ることは難しい時代になりました。多くの同志国や有志国と協力を深め、自国を含む地域の安全を守らなければならないわけですが、そういう意味でも現行憲法には大きな制約があると思います。

武居　おっしゃる通りです。二〇二二年に「国家安全保障戦略」や「国家防衛戦略」ができたとき、一歩そこから踏み出すことができたかなと思いました。さらに憲法改正ができたら、日本はもう一歩前に出て、自主的で自律的な安全保障体制をとることができると思います。今はまだ、半分足を前に出したところです。

島田　オバマ大統領が「アメリカは世界の警察官ではない」と言い、トランプ大統領は完全に二正面戦略を放棄しました。さらにバイデン大統領は「統合抑止」と言って、かつて日本がアメリカに依存していた軍事力を、今度はアメリカが同盟国に対して頼るような状況になっています。もはやアメリカへの一方的な依存によって国を守ることは難しくなっています。そのような国際情勢の大きな変化をよく認識する必要があると思います。フルスペックの集団的自衛権は、国際法上、主権独立国家に認められている権利であり、日本も当然「保有」しています。しかし、これを限定なく「行使」できるようにするためには、九条二項を変えなければいけないのです。

岩田　私も憲法改正の本家本元は九条二項の撤廃だと思います。しかし、島田さんのおっしゃるようなフルスペックの集団的自衛権のためではなく、自衛隊を軍隊として認めるための二項撤廃を私はイメージしています。

九条一項は絶対に残すべきだと思います。「日本国民は、正義と秩序を基調とする国際平和を誠実に希求し、国権の発動たる戦争と、武力による威嚇又は武力の行使は、国際紛争を解決する手段としては、永久にこれを放棄する」。これは侵略戦争を放棄しているわけで残すべきだと思います。

問題なのは九条二項の「陸海空軍その他の戦力は、これを保持しない。国の交戦権は、これを認めない」という部分です。これがあるために、日本は戦力に至らない、必要最小限度の自衛力を持つという流れになっています。「交戦権」については、日本は自衛権を保持しているので、自衛のための交戦はできるという解釈でずっと来ています。しかし九条二項を普通に読めば、やはりこれは理解できません。九条二項を改正しなければ、自衛隊はいつまで経っても軍隊になることができないのです。元々憲法改正に前向きではない方々からは、国際法上は軍隊だからいいじゃないかとか、あるいは公明党の山口那津男前代表のように、国民の多くが自衛隊を認めているのだから、憲法改正は急ぐ必要はないというような意見がどんどん出てくるのです。

私はやはり国内法上も自衛隊は軍隊であると認めることが大事だと思います。軍隊ではないがゆえに、自衛隊員は特別職の国家公務員のままです。だから、さまざまなところで制約が加えられています。たとえば軍事特別裁判所（軍法会議）の設置は認められていません。軍法会議は非常に重要です。戦争で実際に引き金を引いた兵士が訴追されることがないように、軍事をわかっている者から裁かれる制度がなければ、任務を果たすことができません。

一九九二年、カンボジアに国連平和維持活動（ＰＫＯ）部隊を初めて出したときに現地で議論になったのは、「最初に撃った者は最初の被告人になる」ということでした。自分が撃ったら軍事がわからない人たちに裁かれてしまう。だから当時、「法廷闘争チーム」と言われたのですよ。「おまえらは捨て身だ。もし何かあったときには法廷闘争に立つ立場だぞ」と言われたのです。こんなことを言われて、国際社会の平和と安定のため、国を守るための引き金が引けるのか。実際の戦場の現場において、国を守るために自信をもって引き金を引く。こういった軍隊のあるべき姿がないというのは、私は非常に問題だと思います。

もう一つ、もし自衛官が死んだときに、その補償はどうなるのだろうかという心配もあります。戦死に関する議論は行われていませんし、これまで議論できなかったところがあります。台湾有事の可能性が高まってきたときに、戦死した隊員の処遇をどうするのか。特別職国家公務員ですから、公務員として死んだときの手当てという現状の枠組みはありますが、それで国の命令で、国を防衛するために戦ってこいと言うのか、と。行けというのは場合によっては命を落とすということです。自衛官が戦争で片腕が落ち、片足がなくなったときに、その人をどう処遇すればよいのか。一生安泰で暮らせるのか。家族の面倒をどう保障するのか。しっかりと議論されていないのですよ。

もし台湾有事が現実のものとなれば、自衛隊員が命を失い、身体の一部を失う可能性がある。隊員には、隊員たちの人生があり、家族がいる。政府は傷ついた隊員をどう処遇するつもりなのか。除隊後、尊敬され、愛され、誇りをもって、余裕をもって、幸せに暮らしていけるのか。それができるように、国はその制度を制定すべきです。恩給の復活というのも、一つの抜本的な改革です。兼原信克さん（元国家安全保障局次長）もこのようなことを産経新聞の「正論」欄に「国守る自衛隊員に恩給復活せよ」（二〇二三年九月四日）と書いてくれていましたけれども、それさえも検討されているようには聞こえてこない。

島田　現行憲法上でも下級審として軍法会議を持つことは許されるのだろうと思います。ただし軍法会議だけで戦前のように閉じて終わりというのは許されません。憲法八一条で最高裁判所は終審裁判所だとされていますので、必ず最高裁に上告できるような仕組みにする必要はあります。いずれにしても、憲法改正の実現を目指すと同時に、憲法改正を要しなくても出来ること、やるべきこと、喫緊の課題は、改正を待つことなく進める必要があると思います。

岩田　確かに憲法を改正しなくとも、政府の改革意識が強ければできるかもしれません。しかし、それは自衛隊の位置づけ、つまり憲法改正に関連しているのではないかと思います。たとえば恩給は、現状の国家公務員には制度化されていません。これを制度化するには、自衛隊員の位置づけを、特別職の国家公務員ではなく、国のために命を懸けることを前提とする軍人として扱うことが必要になるのではないでしょうか。そのような位置づけになれば、命を賭したとき、傷ついたときは、家族を含めて、国が確実に補償をすることも可能かと思います。先ほど島田さんがおっしゃったように自衛隊を憲法に明記をすることによって日本の意思が示されるのと同じで、自衛隊は軍隊であると認めることによって、それに付随した議論が一気に進むと思うのです。

憲法を改正しなくてもできることはあります。しかし憲法の改正を通じて、国民に国防の現実を理解していただく。憲法改正は精神的な部分で非常に大きいと思います。

島田　国を守る組織なのに憲法上は軍隊ではない。これは歴史上類を見ない究極の矛盾とも言えます。岩田さんのおっしゃるように、これを改めることで、これまで封印されてきた課題を解決する大きな契機にもなると思います。

また、憲法を改正しないと正常な状態にならないことの一つに、先述のようにアメリカとの関係があります。憲法改正をしなければ真に対等な同盟関係にすることができません。今のようにアメリカに基地を提供することと、アメリカの兵隊が日本のために血を流してくれることがバランスしているのは、アメリカが日本に前方展開をしてこの地域の平和と安定を守ることがアメリカの国益になるという時代において成り立つものです。しかし、このような同盟関係は非常に例外的な仕組みで、歴史的にも日米同盟が唯一のものだと思います。他国にはありません。ですから、それが永続的な仕組みであるとは私は思わないのです。

やはり日米同盟を他国と同様の同盟関係に切り替えていく。同時にアメリカ以外の国とも、安保条約を結ばないまでも、いざというときにはお互いに守り合うことができるような仕組みにしておかないと、真に多国間の協力関係はできないと思います。それは憲法九条二項を改正しなければできないことです。

岩田　やはり九条二項を撤廃しないとできないですよね。

島田　できないです。もちろん日本は主権独立国家として、国際法上、フルスペックの集団的自衛権を「保有」しています。繰り返しになりますが、権利はあるのです。しかし、権利は持っていても、二項がある限り、持っている権利を限定なく「行使」することが許されないのです。

先人の知恵

岩田　九条二項の「交戦権」は自衛ではなく出ていって戦争をするという政府解釈ですよね。

島田　日本政府としては、「交戦権」は「戦いを交える権利という意味ではなく、交戦国が国際法上有する種々の権利の総称であって、相手国兵力の殺傷と破壊、相手国の領土の占領などの権能を含むもの」としています。そのような意味での「交戦権」を否定しているわけです。

一方で、自衛権の行使については「わが国を防衛するため必要最小限度の実力を行使することは当然のこととして認められており、たとえば、わが国が自衛権の行使として相手国兵力の殺傷と破壊を行う場合、外見上は同じ殺傷と破壊であっても、それは交戦権の行使とは別の観念のもの」と説明しています。つまり「自衛権の行使」は「交戦権の行使」とは別のものという解釈です。きっと聞いていて釈然としないでしょう。もともと憲法九条は日本におよそ軍事力を持たせないという趣旨でできているものを、政府の解釈で持てるようにしているのですから、釈然としないのは、ある意味当然なのです。

岩田　おかしいですよね。

島田　おかしいと感じるのは、政府の解釈が、憲法九条の文言に忠実ではないからなのです。ただ、これは先人の知恵だと思います。つまり、日本を守るために、自分の国を守ることまでは否定していないという解釈を確立したわけです。

もう一つ言えば、「わが国が憲法上保持できる自衛力は、自衛のための必要最小限度のものでなければならない」という政府見解がすごく誤解されていると思うのです。「必要最小限度では国は守れない」という主張をしばしば耳にするからです。しかし、必要最小限度というのは「必要」プラス「最小限度」ということです。もし国を守れないとすれば、「必要」な防衛力に至っていないのです。その上で、「最小限度」とは、あくまでも過剰はダメだという意味であって、たとえば、侵略を排除するだけに止まらず相手の国土を焦土にしたり、相手国を占領して占領行政を行ったりするようなことはダメだということです。ですから、「必要最小限度では国を守れない」と聞くと、先人の知恵が理解されていないなあと思います。もちろん、「必要最小限度度」ではフルスペックの集団的自衛権が行使できないので国が守れない、という主張なら話は別です。

岩田　それは、島田さんのように明確に政府が説明してこなかったことにも起因しているように思えます。それもあり、長年の議論の中で、「必要最小限度」を問題視する人が多かったと思います。

島田　昭和二〇年代に先人たちは、何とか国を守れるようにしたのです。まだ占領中の昭和二五年、マッカーサーの指示により、警察予備隊が作られました。名前はともかく、実態は軍隊の復活の第一歩です。憲法も改正しないままで、ご都合主義もいいところですが、二年後、結局、憲法を改正しないまま、占領軍は帰ってしまいました。独立した日本は、自助努力として警察予備隊を保安隊に変え、さらには、自衛隊を創設しました。憲法との矛盾を解消するため、本来は、ここで憲法改正をするのが筋でした。しかし、日本が再び立ち上がらないよう、憲法改正には国会の三分の二の賛成がないと発議すらできない、という高いハードルが設けられていました。今に続く、「マッカーサーのくびき」です。このため、先人は、憲法解釈を大きく変えたのです。「必要最小限度」とは相手との関係における相対的なものです。だから相手の脅威が大きければ、持てる防衛力も必然的に大きくなります。それに憲法は日米同盟を前提にしているわけではありません。自主防衛でもいいのです。日本単独で日本を守れるだけの防衛力を持ってもいいという意味なのです。

この憲法解釈上の先人の知恵によって昭和三〇年代は、防衛費がすごく伸びて、GNP比二%近いときもありました。それを頭打ちにしたのが昭和五一年の三木武夫内閣が閣議決定した「GNP比一%枠」です。同時に、「防衛計画の大綱」も閣議決定し、「脅威に対抗しない」という驚くべき「基盤的防衛力構想」を導入しました。これらが相俟って、憲法解釈上では持てるはずの防衛力より、はるかに少ない防衛力しか持てなくなったのです。

九条二項撤廃と集団的自衛権

岩田　私は、今の自衛隊は実力的には紛れもなく「戦力である」という認識です。堂々とわれわれはその力を国を守るために使うという思いなのです。そもそも普通の国は、国家存立の最も根本的な国防を担う組織を「軍隊」として保有しています。日本はなぜ、普通の国として軍隊を保有してはいけないのか。これまで議論してきた世界情勢を素直に認識すれば、軍隊が必要なことは明らかだと思います。憲法九条二項撤廃で自衛隊が普通の国の軍隊となる。それが重要です。しかし、フルスペックの集団的自衛権の行使については、別に規定すべき話だと考えています。

島田　今、岩田さんがおっしゃったように「自衛隊は戦力である」とする。そのために憲法改正をするとなると、それは私が申し上げた九条二項撤廃と同じになると思います。政府の見解を前提にすると、「戦力」ではない、つまり、行使できる権限が制約されているから自衛隊なのです。

岩田　集団的自衛権は、国連憲章第五一条にも明文化された国家の権利ですよね。だから日本も権利は保有するが、憲法九条二項において、行使はしないという解釈だったと思います。ただし、第二次安倍政権における平和安全法制において、集団的自衛権の一部行使が認められるようになりました。

私の考えは、九条二項を撤廃しても、それがすぐに集団的自衛権のフルスペック行使にはつながるものではない。国連憲章に沿って、日本国家として集団的自衛権を行使する権利は保有することを憲法においても認めるということなのです。

行使するかどうかは、憲法ではなく、行政としての政府と、立法としての国会の場において判断するという考え方に変えられないのかということです。先ほど島田さんがおっしゃったように、国を守るために必要な力は保持できるわけですから、それを戦力と言い換える。解釈の変更にはなります。実力的には、今も戦力、普通の国の軍隊とほぼ同じですから。

自衛隊はわが国防衛のための軍隊なのです。

しかし、九条二項削除による「フルスペックの集団的自衛権の行使」が先行すると、二項撤廃のハードルは、ますます高くなってきます。われわれは、外に出ていってアメリカと共に戦うことに踏み込んでいくことを許容されなければなりません。それが本来の集団的自衛権です。反対派はますます二項撤廃に反対する。フルスペックの集団的自衛権は、まさに彼らが言う「国外での武力行使」を認めますから反対しますよね。

島田　確かに、反対する方々の大きな理由の一つでしょう。日本と関係のない他国の戦争に加担するのか、と批判するわけです。ただ、今でも国外での武力行使はできるのです。

岩田　今の憲法議論では「国外での武力行使を禁じる」ことを焦点としていますよね。

島田　野党などがそう言っているのです。しかし、今でも反撃能力を行使できる。すなわち他国領土への攻撃も行うことが可能です。他国の領海での掃海活動もできます。しかも集団的自衛権は、集団的とはいえ、あくまでも自衛権なのです。わが国の安全とまったく関係のない武力紛争に対して自衛権を行使できるわけではありません。わが国と密接な関係にある他国とともに、集団的に、お互いを守り合うことによって、トータルとして安全を確保するわけです。

岩田　確認ですが、九条二項を変えなくても自衛隊は戦力、軍隊と言えるのですか?

島田　自衛隊が軍隊であるかどうかは、軍隊の定義いかんによるとも言えます。かつて小泉純一郎総理は、「自衛隊は軍隊か」と問われ、「私はいろいろ調べていますが、確かに、侵略に対して武力をもって立ち上がる集団を軍隊というのならば、そういう定義もできる」と答弁したことがあります（平成一三年五月一〇日衆議院本会議）。

しかし、憲法上、「軍隊」とするには、憲法を改正する必要があると思います。憲法上の「戦力」の意味は何かと言えば、今は「自衛のための必要最小限度」を「超えるもの」が「戦力」だと言っています。九条二項で「陸海空軍その他の戦力は、これを保持しない」と規定されているので、今の自衛隊を「戦力」にするためには九条二項の改正が必要でしょう。

憲法議論は国の生き方

岩田　九条二項を撤廃し、自衛隊を軍隊にする。これは自衛隊の自己満足ではありません。フルスペックの集団的自衛権を行使しない国でも、軍隊として位置づけられていますよね。今の「自衛隊」を、普通の国のように「軍隊」と言わせてくれということです。島田さんは先ほど憲法改正をしなくても、軍法会議や恩給の件は整備できるとおっしゃったけれども、本当に二項の議論をせずにそれができるのかが私は疑問なのです。自衛隊を普通の国の軍隊とするのと二項の議論はイコールではないけれども、関連していると思うのです。「九条二項を普通に読めば自衛隊は軍隊じゃない」とわれわれはずっと言われてきたのですから。

島田　岩田さんのお考えと私の申し上げていることは、本質においては変らないように思います。九条二項を削除して、自衛隊は軍隊、イコール「戦力」となり、「必要最小限度」を超える実力の保持が可能となり、フルスペックの集団的自衛権の行使が可能になる。しかし、だからと言って、政府の判断で何でもできるようになるわけではない。これは国内手続きの問題と条約上の問題の双方があります。

まず国内手続きについて言えば、今でも自衛隊の規模を拡大しようと思えば国会で予算が認められる必要があります。自衛隊の防衛出動には国会の関与する厳格な手続きが法律で定められています。九条二項を削除しても、実際にどの程度の実力を持つのか、つまり保有すべき防衛力の規模は予算として国会が決めるのです。そして実際に必要最小限度を超える集団的自衛権を行使するか否かは、今以上に国会の厳格なコントロールの下に置かれることになると思います。

憲法改正については、憲法の条文だけでなく、改正後の軍隊のあり方や権限行使の仕組みをどのように法律で定めるかなど、具体論、各論の議論を進める必要があると思います。

岩田　おっしゃる通りで、戦後最も複雑で厳しい安全保障環境において、集団的自衛権の行使に踏み込まなければわが国の安全を全うできないほどに状況が悪化しているのは、これまで議論してきたとおりです。しかし、同盟国から求められたからといって、世界のあらゆる地域においてまで集団的自衛権を行使するわけではない。集団的自衛権の行使の在り方は、政府と国会において判断する。

島田　先ほど述べたもう一点、九条二項撤廃での条約上の問題についてですが、当然、日米安保条約は改正することになるでしょう。また、将来、アメリカ以外の国、またはアメリカを含む多国間で集団的な安全保障条約を結ぶ可能性も排除はされません。いずれの場合であっても、日本が集団的自衛権を行使する場合の地理的条件を考えておく必要があると思います。

たとえば、NATOの根拠となっている北大西洋条約では、「締約国は、ヨーロッパ又は北アメリカにおける一又は二以上の締約国に対する武力攻撃を全締約国に対する攻撃とみなすことに同意する」と規定しています。また、米韓相互防衛条約では、「いずれかの締約国に対する太平洋地域における武力攻撃が自国の平和及び安全を危うくするものであることを認め、自国の憲法上の手続に従つて共通の危険に対処するように行動することを宣言する」と規定しています。米比相互防衛条約も同様に、対象は「太平洋地域」です。自衛隊明記を超えた九条の改正を行う場合には、このような条約上の地理的条件なども同時に考えておく必要があると思います。

九条の本格改正に関する具体的イメージとして、平成二四年に自民党が示した「日本国憲法改正草案」があります。自民党が野党時代に谷垣禎一総裁の下で取りまとめたもので、現在の九条二項を削除し、新たな九条二項として「前項の規定は、自衛権の発動を妨げるものではない」と規定した上で、国防軍を規定した九条の二、領土等の保全等を規定した九条の三を新設したものです。憲法上、フルスペックの集団的自衛権の行使を可能とするものですが、具体的な任務の遂行などについては法律の定めに委ねています。その点においては、岩田さんのお考えとも整合しているようにも思いますので、次にご紹介しておきます。

（平和主義）

第九条　日本国民は、正義と秩序を基調とする国際平和を誠実に希求し、国権の発動としての戦争を放棄し、武力による威嚇及び武力の行使は、国際紛争を解決する手段としては用いない。

2　前項の規定は、自衛権の発動を妨げるものではない。

（国防軍）

第九条の二　我が国の平和と独立並びに国及び国民の安全を確保するため、内閣総理大臣を最高指揮官とする国防軍を保持する。

2　国防軍は、前項の規定による任務を遂行する際は、法律の定めるところにより、国会の承認その他の統制に服する。
3　国防軍は、第一項に規定する任務を遂行するための活動のほか、法律の定めるところにより、国際社会の平和と安全を確保するために国際的に協調して行われる活動及び公の秩序を維持し、又は国民の生命若しくは自由を守るための活動を行うことができる。
4　前二項に定めるもののほか、国防軍の組織、統制及び機密の保持に関する事項は、法律で定める。
5　国防軍に属する軍人その他の公務員がその職務の実施に伴う罪又は国防軍の機密に関する罪を犯した場合の裁判を行うため、法律の定めるところにより、国防軍に審判所を置く。この場合においては、被告人が裁判所へ上訴する権利は、保障されなければならない。
（領土等の保全等）
第九条の三　国は、主権と独立を守るため、国民と協力して、領土、領海及び領空を保全し、その資源を確保しなければならない。

憲法九条二項の改正は、「戦後」を終わらせる本格的な改正になります。憲法の改正案を議論するだけでなく、国内法制、国際条約を含めた、国の安全保障のあり方を広く考えていく必要があると思います。

岩田　四月一〇日（現地時間一一日）、岸田総理は米連邦議会上下両院合同会議において、日米同盟を、「『未来のためのグローバルパートナー』。今日、私たち日本は、米国のグローバルパートナーであり、この先もそうであり続けます」と述べ、肩を並べて世界秩序の維持に取り組むような印象を受ける演説を行いました。しかし、それは島田さんがおっしゃるような、米国とともに肩を並べて集団的自衛権のフルスペックを行使するというところまでを目標としていないと理解しています。自衛隊の戦力を行使するのは、あくまでも日本防衛。もちろん日本防衛のために必要な反撃力は行使します。しかし、ドイツのように、世界秩序維持のため、同盟国と共に、海を越えて戦力行使するというのは、それはもっと議論が必要だと私は思っています。

先ほど島田さんが引いてくださった平成二四年の憲法改正草案について、私は賛同します。自民党は解説を出していますが、その中では次のように書かれています。

「草案では、自衛権の行使について憲法上の制約はなくなりますが、政府が何でもできるわけではなく、法律の根拠が必要です。国家安全保障基本法のような法律を制定して、いかなる場合にどのような要件を満たすときに自衛権が行使できるのか、明確に規定することが必要です。この憲法と法律の役割分担に基づいて、具体的な立法措置がなされていくことになります」

そういう意味で、私の認識では、九条二項廃止はイコール集団的自衛権のフルスペックの行使を認めるということではなく、自衛隊を戦力、すなわち軍隊として認めるということです。もちろん、将来、日本を取り巻く国際情勢がさらに厳しくなり、米国等と肩を並べて国外において戦力行使しないと日本の独立と安全が保てないと国民が判断した時は、日本の生き方を変えるときでしょう。まさに憲法は国としての生き方であり、生き様だと思っています。だからこそ、戦後八〇年も経ち、国際情勢がドラスティックに変化しているのに、日本としての生き方・生き様を議論しない、できないというのは、およそ普通の国ではないと思います。

島田　岸田総理の演説はもちろん現行憲法の枠内のものです。平和安全法制で出来る範囲のことを積極的に行うということだと認識しています。

憲法改正のやり方としては、実施のための法律を含め、様々な手法があり得ると思います。

いずれにしても、私が申し上げたことは、今の政府見解を前提としたものです。憲法九条二項を削除するとはいえ、これまで積み上げてきた解釈がある以上、法的安定性の維持は必要だと考えるからです。もっとも、九条二項を削除する本格改正をする以上、そのような前提さえも覆すべきという議論もありうるのかもしれません。

現行憲法では豪州と同盟は結べない

武居　わが国が持つのは憲法上許される必要最小限度の防衛力であり、それで集団的自衛権の行使を行う。どうやって使うかはその時々の判断によるとすればいいのではないでしょうか。たとえばライフル銃を一〇〇挺持っていたとしても、一〇〇挺のうち三〇挺を海外に持っていって使っても別にいいわけですよね。

島田　わが国を防衛するための必要最小限度というのは、保有と行使の両方にかかります。保有する防衛力の規模と、行使できる自衛権の範囲です。この制約を取り払ったからと言って、どこまで持つか、どこまで行使するかは政策判断です。

武居　その集団的自衛権の行使をできるようにするのは能力的な話ですよね。一方で持っている防衛力はわが国の防衛ができる必要最小限度のものでいいのではないですか。

島田　組み合わせとしてはそういうものも当然考えられます。平素保有する防衛力はわが国を防衛する必要最小限度にしておくが、必要に応じ、その能力を集団的自衛権の行使のためにも使う。一つの合理的な判断だと思います。

武居　それは、九条二項だけを削ればいいですか。

島田　九条二項を削除すれば、国家の権能は他国と同様になるのだと思います。あとは政策判断です。ただ、二項を削除すると、憲法上は、必要最小限度という概念は残らないと思います。

今の政府の憲法解釈は九条の文言から始まるのではありません。まずは、日本は独立主権国家である。国際法上、独立主権国家には自衛権がある。したがって日本も自衛権を持っている、というところから解釈を始めます。しかし九条があるので、自衛権は無制限ではなく、「必要最小限度の自衛の措置は許される」「必要最小限度の実力の保持は許される」と解釈しているのです。

岩田　九条にはこだわっていない。

島田　そうですね。むしろ政府解釈では、憲法前文が「国民の平和的生存権」を確認し、憲法第一三条が「幸福追求権」を定めていることを踏まえて考えると、憲法九条が、「必要な自衛の措置」まで禁じているとは到底解されない、としています。つまり、九条の文言の否定から入るのです。それくらいの解釈をしなければ、独立後の世界を乗り切れなかったのだろうと思います。

岩田　憲法九条が異常なのですね。

島田　文言だけを見ても政府の解釈は出てこないのです。ですから憲法に関する政府解釈の説明は、「憲法第九条はその文言からすると、国際関係における武力の行使を一切禁じているように見えるけれど、決してそうではない」、というところから説き始めるのです。

岩田　二項を撤廃して、今までの解釈も整理してから始めなければならないと思います。

島田　繰り返しになりますが、私は、「自衛隊明記」を超えて、憲法九条を本格改正するのであれば、日本が真に「守り合える同盟国」となれるようにする必要があると考えています。

武居　具体的に考えればわかりやすいですよね。たとえば中国に対峙するにあたって、アメリカ、日本、オーストラリアがもし同盟を結ぼうとしたときに、オーストラリアはおそらく日本が今の状態であれば嫌がると思います。日本は今のままではオーストラリアに対して安全保障上、何もできないからです。オーストラリアからすれば、日本は何かしてくれるだろうと当然期待します。本当に必要な防衛態勢をとるためには、日そういう観点からも憲法を見直す必要があります。今、両国関係を「準同盟」などと言っていますが、これはまやかしみたいなもので「なんちゃって」同盟です。

島田　日本とオーストラリアは、二〇二二年に、両国部隊が円滑な協力活動を行うことなどを定めた円滑化協定（ＲＡＡ）に署名しましたからね。これは防衛協力のための協定ではありますが、「同盟」というのは詰まるところ集団的自衛権を行使し合うことを約束する関係です。オーストラリアとの間にそのような協定は結べないのです。円滑化協定などが出来たので「準同盟」と便宜的に呼んでいるだけです。何かあったときにオーストラリアが日本を助けてくれるという担保は何もありません。もちろん日本も約束できません。

　インド太平洋地域で、ＮＡＴＯのように、オーストラリアを含めた集団防衛体制をつくるとなると、今の憲法では不可能です。アメリカは日本に基地を置くことが自国の国益にとって重要であると考えているから、日米同盟は成り立っているのです。アメリカが日本から引いてしまおうと思ったら、成り立たなくなります。

武居　もし今度、トランプ政権になって日本から引いたらどうなるでしょうか。

島田　そういうことに備えておく必要があると思います。トランプ氏だけではなく、今のアメリカの傾向からすると、自由で開かれた国際秩序を維持しようという意欲と能力が減退してきているのは明らかだと思います。

積極的平和主義

岩田　憲法前文の話に戻りますが、先ほどの「平和を愛する諸国民〜」の後に続きがありますね。「われらは、平和を維持し、専制と隷従、圧迫と偏狭を地上から永遠に除去しようと努めてゐる国際社会において、名誉ある地位を占めたいと思ふ」と。私はこれには賛成なのです。まさに国際社会において自国の力に見合う名誉ある地位を占め、世界のリーダーになろうというその意欲ですよね。

この一文は安倍総理のおっしゃった「積極的平和主義」と同じことを言っていると思うのです。まさに積極的平和主義で行こうというのが憲法前文のこの部分です。積極的平和主義では、状況によっては一部国外における武力行使が必要になります。PKOにしても今や武力に依存するようになってしまっていますよね。この場合も、先ほど述べたように、PKOの枠組みにおいて、日本が武力行使を行うべきかどうかは、国民的議論が必要と思います。

島田　実は、憲法前文にある「われらは、平和を維持し、専制と隷従、圧迫と偏狭を地上から永遠に除去しようと努めてゐる国際社会において、名誉ある地位を占めたいと思ふ」という部分については、私は違和感のあるところなのです。これはマッカーサー草案にあった文章です。やはり、歴史的背景からこの文章を考えなければいけないと思います。

憲法は一九四六年に制定されましたが、その元となるマッカーサー草案は日本が降伏文書に調印してわずか半年も経たないうちに日本政府に示されました。その当時、世界にあった国は七三カ国と言われていますが、そのうちの六二カ国が第二次世界大戦に参戦しているのです。イタリア、ドイツが敗れる中で、最後は事実上、日本だけが世界と戦っていました。日本国憲法が制定された当時の国際社会というのは、日本に対する戦勝国の集まりだったと言ってもいいと思います。

そう考えると、さきほど申し上げた「国際社会において、名誉ある地位を占めたい」の部分の「国際社会」というのは、言ってみれば戦勝国の社会です。つまり憲法前文でわれわれは「戦勝国にほめてもらえるように頑張ります」と言っているわけで、いわば敗戦国としての詫び証文のような文言なのではないかと思います。これが、私が価値のある文章だと思わない理由です。

岩田　しかし、「名誉ある地位を占めたい」という部分はいいと思います。文面からすれば島田さんのおっしゃる通りですが、言葉だけはいい。

島田　その言葉だけを切り出せばいいのかもしれませんが、文章全体について歴史的経緯から見れば、「国際社会」というのはまさに戦勝国であって、彼らにほめられるように日本は戦争をしない国になりますと謳っているわけです。

岩田　なるほど、そういう背景を踏まえた上で、もう一度今の時代に即して書き替えるとして、私は「名誉ある地位を占めたい」という言葉はいいと思います。それこそが安倍晋三総理の言った「積極的平和主義」だと捉えているからです。

今、ロシアがウクライナを攻撃して、専制や隷従を押し付けるようなとんでもない世界になっています。これに対して「名誉ある地位を占めたい」という日本は、専制をやめさせるために積極的に動かなければいけないという決意を示していますが、その意志こそ「積極的平和主義」だと私は自分で解釈しているのです。

ところが公明党は、自分の手さえ染めなければいいという思考です。日本が送ったものが直接人を殺すことにならなければいいという「一国平和主義」に陥っていて、私の解釈する憲法の精神に反していると思います。あれだけ憲法を大事にしようという公明党が、まったく憲法を見ていないのです。

日本が本当に憲法前文にあるように、平和を維持しようとする国際社会において名誉ある地位を占めたいと思うのであれば、国のあるべき生き様として状況によっては抑制的に国外における武力行使ができる軍隊を持つ。ものすごくハードルは高いと思いますが、そういう議論をしないといけないと私は思います。だから、まさに安倍総理がまずは自衛隊明記から憲法改正を進めようとしていたのは、手順として私は正しいと思います。

安倍総理の遺産と遺志

武居　自民党の石破茂元幹事長は九条二項を削除しないと自衛はできないと言っています。それはよく分かります。憲法学者のほとんどは自衛隊は違憲だと言っています。一方、政府は自衛隊は違憲ではないと解釈しています。この矛盾を解消するためには、おそらく三つしか手段がないと思います。

一つは憲法を全面改正して、今の日本の国情に合ったものにすることです。それができなければ、手直しとして二つが考えられます。一つは九条の二項だけを取り、日本が集団的自衛権の行使をできるようにすること。もう一つは二項を残したまま、自衛隊を明記することです。これが現実的な方法ではないでしょうか。

ただし公明党と連立している自民党は、九条の二項を取ることはできないと思います。ひょっとすると向こう一〇年先、二〇年先も変わらないかもしれません。とすれば、今できるところを最大限に努力して、変えていくのが現実的かなと思います。もちろん、今までのように解釈だけでいいと言うわけではありません。

国民の間では憲法改正が必要だという意見が強いのに、政治が何もやらないのは、皆さんその志はあったとしても野党やメディアに批判されることを恐れるあまり、突き進む勇気ある政治家がいないからではないでしょうか。政治と国民のギャップを埋めるには安倍晋三総理のような政治家が出てこないかぎり難しい。三〇代、四〇代の新しいリーダーが出て来るのを待つしかありません。これを自民党に期待するのか、別の政党に期待するかですが、結論を言えば自民党が今のままであればどこにも期待はできません。

島田　国内政治の現状を見れば、平和安全法制によって到達した今の憲法解釈の中で、できることを精一杯にやる、というのが現実的なのかもしれません。しかし、安全保障は外部環境との関係で考える必要があります。これだけ大きく急激な変化がある中で、安倍総理が残してくれた遺産がいつまで持つか。志を継いでくれるリーダーが必要です。

武居　私はいまの政治には少し幻滅しているのですね。昨年（二〇二三年）の暮れあたりから、政治資金の話が出てきて、自民党はぐちゃぐちゃになりました。自民党を立て直す方法があるとすれば、政治資金を環流していた人たちは一度辞任するべきだったと思います。モラルは必ずしも法律に照らして罰せられるものでないとはいえ、国民から見た場合、やはり一度禊ぎをしないと収まりません。議員を辞めて、改めて大規模な補選を行って国民へ信を問う。選挙で国民にきっちりと資金の経緯や用途を説明し、自らの政治活動の成果を認めてもらい、対立候補と意見を戦わせて当選したのなら、その人は本当に国民から信任を得た人だと思います。落ちてしまったら、その人は国民から認められないどうでもいい人です。返り咲く人たちは本当の実力や実績のある議員で、今回モラルに反するものがあったとしても、国民が許したのだから禊ぎは済んだと思うのです。

禊ぎというのは神道的な考え方ですが、それをやることで、自民党はたぶん活性化すると思います。報道によればおそらく九〇人ほどが対象になるでしょう。名前の挙がっている面々を見ますと皆さん実力ある保守の人たちばかりですから、数字に根拠はありませんが参院も含めて三分の二以上が戻って来ると思います。その人たちは実際に仕事をしてきた人たちで安倍総理亡き後も日本を普通の国にするために汗水流してきた。戻って来ることができなかった人たちは、驥尾(きび)に付していた人で、残念ながら個人としては国民からは認められていない人だと思います。しかしながら政治と国民とのギャップを埋めないまま選挙に出たら、返り咲くのは三分の二どころか、三〇人とか四〇人に減ってしまう可能性も高いと思います。けじめをつけてないわけですから。

島田　安倍総理もよくおっしゃっていたことですが、「現行憲法の自主的改正」は自民党の結党以来の党是です。自民党を結成した理由、目的の大きな柱の一つが憲法改正なのです。

昭和三〇年の結党に当たり定めた「党の使命」では、国内の不正常な状況の原因の一半は「敗戦の初期の占領政策の過誤にある」、「初期の占領政策の方向が、主としてわが国の弱体化に置かれていた」として「現行憲法の自主的改正を始めとする独立体制の整備を強力に実行」すると謳われています。

同時に定められた党の「政綱」では、「平和主義、民主主義及び基本的人権尊重の原則を堅持しつつ、現行憲法の自主的改正をはかり、また占領諸法制を再検討し、国情に即してこれが改廃を行う。世界の平和と国家の独立及び国民の自由を保護するため、集団安全保障体制の下、国力と国情に相応した自衛軍備を整え、駐留外国軍隊の撤退に備える」と述べています。

いずれも、今も自民党のホームページに出ていますが、自衛隊が発足してわずか一年後に書かれた文章です。これを読むと、戦前、戦中、戦後を生き抜いてきた先人達の強い思いが伝わってきます。しかし、ここまで言及しているにもかかわらず、経済成長を経て、いつしか棚ざらしになってきたのです。それを再始動したのが安倍総理でした。その遺志を継がんとする方々には、言葉だけでなく行動を期待しています。

第七章　靖国問題と自衛隊

なぜ自衛官は靖国神社に行くのか

岩田　靖国問題に端的に表れているのが、中国に遠慮するという日本人や政治家の主権に対する認識の薄さだと思います。靖国神社に参拝するというのは、われわれ日本人として悠久の昔からつながってきた社会的儀礼や伝統、風習を示すものです。大東亜戦争のときの極東裁判における「A級戦犯」が靖国神社に祀られていたとしても、参拝するのは宗教を超えた日本民族の長年の価値観だと思います。外部から騒がれていないときは、総理も参拝していました。

しかし中国や韓国から文句を言われ、それが政治問題化、外交問題化するといってやめてしまったのは、主権を自ら否定していると思います。主権とは、対外的には国家の独立性を保持し、外国からの干渉を排除する権利と理解しています。

靖国問題は日本の主権に関わる問題です。政治問題化するからできないというのは、主権国家としてのあるべき姿ではありません。政府の対応も含めて非常に問題だと思います。

現役当時から私は、もしいざという時が訪れ最後の時が来たならば、靖国神社に祀ってほしいとの願いを持っていました。靖国神社には、戊辰（ぼしん）戦争に始まり日清・日露戦争、そして大東亜戦争に至るまで、「祖国日本を護（まも）る」との一念のもと、尊い生命を捧(ささ)げられた二四六万六千余の柱が祀られています。われわれ自衛官と同じ「国のために命を懸ける」との志を持たれていた先人が祀られる靖国に、自分の死後もありたいと思っていたからです。

台湾有事・日本有事の危機感が高まる中、自己の死生観に磨きをかけている自衛官も多いでしょう。その中には、いざという時は靖国に祀ってもらいたいという、私と同様の気持ちを持つ自衛官もいると思います。

靖国神社は「祖国を守るという公務に起因して亡くなられた方々の神霊(みたま)」を祀る場であり、そこには、日本人として戦い、亡くなった台湾や朝鮮半島出身者、そして大東亜戦争終結時に、東京裁判でいわゆる戦争犯罪人として処刑された方々なども含まれています。身分や勲功の区別なく、国のために戦った一点において共通していれば、一律平等に祀られる点こそ、死後、その魂は永遠にこの世にとどまり、国や地域などの場所で守り神となるという、悠久の昔から伝わる日本人の伝統的信仰に基づくものと私は理解しています。

この靖国神社に赴き、戦没者を追悼して日本の安寧を祈禱(きとう)することは、日本人が長年にわたり培ってきた社会的儀礼であり、習俗的行為であると思います。私は、陸上幕僚長に就任するその日の早朝、個人的に靖国神社に参拝し、靖国の神霊に、陸上防衛の責任者としての決意と同時に、願わくばご加護を賜ることを祈願しました。その三年後、離任当日の早朝、改めて参拝し、陸上幕僚長の職を解かれたことと、併せて三七年間の防人（さきもり）としての任を終えることを報告し、感謝の意をお伝えしました。日本人としてごく自然のことであり、参拝後は、純粋にすがすがしい気持ちを持つことができたものです。

武居　日本の宗教を考えると、奈良時代に書かれた『古事記』と『日本書紀』に出て来る神様を合わせると三二六柱あるそうです。その他にもこの中に出てこない大小様々な神様がいっぱいいます。『日本書紀』のあとにも神様が現れています。八幡様、天満宮などがそうです。そのように日本の宗教は時間とともに変遷してきました。

靖国神社も国家の必要性から生まれた一番新しい神社です。古くからある伊勢神宮などとは、まったく違う系列の中から出てきた神社ですよね。だから、靖国神社を他の宗教と一緒に扱うこと自体が間違っているのではないかと思います。

戦争後、神社を整理統合する際に、靖国神社は無理やり現在の体制に組み込まれたことが問題で個人的には整理が不十分だったと思います。靖国神社はこれまで国家のために戦死した人を祀ることに専念して、それだけを継続してきました。しかし今後はどのようにするのか。戦後に発足した自衛隊に戦死者が出たときには、彼らをどこに祀るのか。そうした明確な方針が政府として明らかではないために、今の混乱につながっていると思います。

　自衛官が任務で海外に行って命を落とすことがあっても、靖国神社に入ることはできません。戦前は政府がお祀りする戦死者を決めていましたが、今はそれがない。政府として靖国神社にお祀りする規則や手続きは未整備なままです。しかし、自衛官たちは、過去に日本のために命を落とした英霊が自分たちを守ってくれると信じるから靖国神社に行くのです。言い過ぎかもしれませんが、他の神様が守ってくれるとはあまり思わないのです。

岩田　武居さんが現役の自衛官になぜ靖国神社に行くのか訊いたら「自分を守ってくれると思うから」と答えたそうですね。

武居　ＰＫＯ（国連平和維持活動）でイラクに派遣された陸上自衛隊のある隊員が、「私は靖国神社に行ってきました」と言いました。「なぜ行ったのか」と訊いたら、「私のことを一番、守ってくれそうだからです」と答えたのですね。私はその気持ちがよくわかります。

　新しい時代に合わせて、過去の宗教が変化してきたように、靖国神社も新しい時代に合わせて変化するときが来ているのではないかと思います。変化をしないまま続いているから、自衛隊が行ったらダメだというような話になっているのです。これは靖国神社で決められることではなく政府が決めることです。

もう一つは、宗教に関する日本的な考え方が、今の憲法と若干ずれているのではないかと思います。日本は一神教ではありませんからね。

大東亜戦争だけの戦没者追悼式

岩田　それに関連して言うと、東京裁判の根底にあったのは、旧日本政府や軍が戦争に国家神道を利用したと戦勝国が問題視したということです。連合国総司令部（GHQ）や東京裁判の判事たちが政府の神道の使い方を問題視しただけであって、神道は何も悪くありません。しかし戦勝国の東京裁判史観を受け入れてしまったために、神道は普通の宗教と同じように政教分離の対象となってしまいました。靖国参拝への批判や東京裁判は日本の伝統と歴史をすべて否定してしまっています。

安倍晋三総理は「戦後七十年談話」の中で、戦後レジームからの脱却を目指そうとしました。これは非常に大きな意味のある談話です。

「尊い犠牲の上に、現在の平和がある。これが、戦後日本の原点」「二度と戦争の惨禍を繰り返してはならない」「先の大戦への深い悔悟の念と共に、我が国は、そう誓いました。自由で民主的な国を創り上げ、法の支配を重んじ、ひたすら不戦の誓いを堅持」と述べた上で、「あの戦争には何ら関わりのない、私たちの子や孫、そしてその先の世代の子どもたちに、謝罪を続ける宿命を背負わせてはなりません。しかし、それでもなお、私たち日本人は、世代を超えて、過去の歴史に真正面から向き合わなければなりません」と強調しています。特に「七十年間に及ぶ平和国家としての歩みに、私たちは、静かな誇りを抱きながら、この不動の方針を、これからも貫いてまいります」と述べたことは重要です。

ここに述べられているように、七〇年に及ぶ私たちの平和への取り組みに自信を持ち、いわれのない戦時中における軍と神道との関わりや、中国や韓国による批判を堂々と否定して、われわれの風習と文化を受け継ぐべきだと思います。

とくに安倍総理がこの中で強調していたのは、あの戦争と何ら関わりのない私たちの子や孫、その先の世代の子供たちが謝罪を続けるような宿命を背負わせてはならないということです。この点がまさに大事であって、戦勝国の考え方や、中国や韓国からのいわれのない批判とは訣別すべきです。

主権を守るということと、戦後レジームから脱却しなければならないという二点から、靖国問題を解決しなければならないと思います。

島田　靖国神社が孕んでいる問題の本質は、戦没者に対する追悼が本来の形でできていない、ということではないでしょうか。国のために尊い命を落とした人々のことを未来永劫忘れることなく後世に伝え、国家として追悼を行っていくことは、独立主権国家として当然のことです。私はその根幹として、内閣総理大臣だけでなく、国家元首である天皇陛下による追悼が必要だと思います。

陛下が出席される行事には、日本武道館で行われている全国戦没者追悼式がありす。この式典は閣議決定して政府が行っているもので、閣議決定文書の中には、天皇皇后両陛下のご臨席を仰ぐということが決められています。両陛下にとっても公式な行事です。

ただし、追悼の対象は「先の大戦」の戦没者だけなのです。式典の対象とする戦没者の範囲も閣議決定されていて、「支那事変以降の戦争による死没者（軍人、軍属及び準軍属のほか、外地において非命にたおれた者、内地における戦災死没者等をも含むものとする。）とする」とされています。言い方を変えれば、大東亜戦争の戦没者に限られるということです。余談ですが、大東亜戦争というと、一九四一年一二月八日以降の戦争のように思われるかもしれませんが、一九四一年一二月一二日に、「今次ノ対米英戦争及今後情勢ノ推移ニ伴ヒ生起スルコトアルヘキ戦争ハ支那事変ヲモ含メ大東亜戦争ト呼称ス」と閣議決定されています。戦没者追悼式の閣議決定では、大東亜戦争という用語を用いたくないため、「支那事変以降の戦争」としているのでしょう。

話を戻すと、追悼の対象には、日本が少なくとも近代国家になってから戦った日清戦争、日露戦争、第一次大戦などの戦没者は含まれていないのです。これらの戦争で亡くなった方々も国家のため、国家の命令で命を落としたのです。にもかかわらず日本国は国家として追悼していない。このような国があるだろうかと思います。

問題の根本にあるのは憲法

島田　靖国神社には明治維新の頃からの戦没者が祀られていますが、もう一つの問題は、戦後続いていた昭和天皇によるご親拝が、一九七五年を最後に途絶えてしまっていることです。今の上皇陛下はご在位中一度もご親拝はなく、今上陛下も靖国神社には参られていません。

なぜ陛下が靖国神社に行幸されなくなったのかについて、いろいろな議論がありま す。客観的な事実は、天皇陛下のご親拝が途絶えたのは、一九八五年に中曽根康弘総理が公式参拝をして、中国などから批判が起きるよりずっと前からだということです。

昭和天皇も上皇陛下も、戦没者に対する追悼への思いは非常に強く持っておられ、内外で慰霊の旅を続けてこられました。追悼の思いが強いにもかかわらず、ご親拝をやめられて半世紀が経っています。この事実は重く受け止める必要があると思います。

これだけの期間、途絶えてしまうと、多くの国民が行幸をお願いしても、実現は難しいでしょう。ではどうするべきか。やはり、政府の責任において靖国に行幸していただくようにしなければいけないと思います。陛下個人のお気持ちに依存するのではなく、全国戦没者追悼式と同様に、閣議決定に基づいて、公的なお立場で戦没者を追悼していただくのが本来の姿ではないでしょうか。

諸外国からの批判に関連して、東京裁判にも触れておきたいと思います。東京裁判は、「平和に対する罪」という事後に作られた法によって裁き、死刑判決まで下しています。具体的に言えば、いわゆる「A級戦犯」とされた方々は、極東国際軍事裁判所条例第五条第二項（a）に規定する「平和に対する罪」を犯したとして有罪判決を受けたのですが、根拠となった極東国際軍事裁判所条例が制定されたのは、一九四六年一月一九日です。これは事後法の禁止という近代法の根本原理に反するものです。これは適用される法の問題ですが、さらに手続きについても、中立国の判事はおらず、「勝者の裁き」になっているのです。

しかし、サンフランシスコ平和条約によって、わが国はこれを受け入れました。日本が独立を回復した後も、有罪になった人たちの拘禁を続けていました。

サンフランシスコ平和条約の第一一条にはこう書かれています。「日本国は、極東国際軍事裁判所並びに日本国内及び国外の他の連合国戦争犯罪法廷の裁判を受諾し、且つ、日本国で拘禁されている日本国民にこれらの法廷が課した刑を執行するものとする。」

こういう屈辱を受け入れざるを得なかったのは、一にも二にも戦争に負けたからです。そして受け入れなければ独立を果たせなかったのでしょう。

二〇一三年一二月、安倍総理が靖国神社に参拝したことに対して、中国などが批判をしましたが、アメリカ政府も「日本の指導者が隣国との緊張を悪化させる行動をとったことに失望している」という声明を出しました。戦後、同盟国になったはずのアメリカが、中国の側に立って日本を批判したのです。あたかも連合国が復活したかのような様相を呈しました。これもまた現実なのです。

現行憲法も問題の根本にあると思います。アメリカの占領政策の一環として制定された憲法によって、本来あるべき国家としての権能が制限されている。そのような国家のままでいいのか。要するに敗戦が永続しているとも言えるのです。サンフランシスコ平和条約を破棄することは現実的ではありませんが、主権独立国家となった以上、本来あるべき国家の権能を回復することはできる。自らの意思だけの問題です。いかなる国も妨げることはできません。

岩田　天皇陛下の靖国参拝については大賛成です。過去に、石原慎太郎先生が靖国参拝に関して国会で安倍総理に質問されたことがあります。石原先生が靖国参拝をするのかしないのかを問い、安倍総理はいたずらに外交的、政治的問題にしようとは思っていないから参拝する、しないは申し上げない、と。すると石原先生は次のようにおっしゃったのです。

「私は行かなくていいと思いますよ。これは、あなたが行くと結局政治問題になる。ならば、そのかわりに、国民を代表して、あなたが一つのことをお願いしてもらいたい。それは、ぜひ国民を代表した総理大臣として、ことしは天皇陛下に靖国神社に参拝していただきたい。これは決して政治的行為じゃありませんよ、文化的行為だ。宗教的な問題でもない。さっき言ったみたいに、神道という人間の情念の結晶の、その代表者である、象徴である天皇陛下が、戦争で亡くなった人を悼んでお参りをされるということは、これは祭司として当然のことで、これに異議を唱える国はないと思うし、天皇がそういう行動をとられることで、あの戦争を肯定することにも否定することにもならない」と。

石原先生の発言には頷けます。そういう意味で、天皇陛下による靖国参拝は、現行の法体系の中では問題ないわけです。陛下自らが行幸されることは、まさに国家としての主権の回復だと私は思います。ぜひ私は期待をしたいと思います。

今年一月、陸幕副長らが靖国を参拝し、処分を受けました。産経新聞が社説（主張）で陸幕副長らの行動を擁護し、「公用車を利用したり、参拝が行政文書に記載されたりした点を難じ、次官通達にも反したという指摘がある。敗戦で解体された陸軍と、陸自が別組織である点や、極東国際軍事裁判（東京裁判）のいわゆるA級戦犯が合祀（ごうし）されている点を理由にした批判もある」「国会は昭和28年、『戦犯』赦免を全会一致で決議し、政府はA級を含め刑死した受刑者の遺族にも年金を支給してきた。靖国神社の問題は日本の立場をとるべきで、中国などの内政干渉に迎合してはならない」（二〇二四年一月一六日）と述べました。

国会としてきちんと決まったことを、なぜ尊重しないのかという指摘は間違いないと思います。東京裁判との関係において、もう一度しっかりここを確認するべきです。

武居　昭和天皇の靖国参拝が途絶えたのはA級戦犯合祀が理由だとも言われていますね。

岩田　昭和天皇が最後に靖国参拝されたのは、A級戦犯合祀より三年前ですから、その理由は不明と言われていますね。

島田　戦後八回、昭和天皇は靖国に行幸されています。しかし、ご自身のご判断でやめられてしまった。その後、半世紀もご親拝が途絶えてしまい、平成、令和と替わってもそれが継続しています。

武居　皇室自身も時代に合わせて、ずっと変わってきました。室町から戦国時代、江戸時代にかけて政治的な影響力を失いました。しかし明治になって権力を回復し、その存在は大きく変化しました。明治期に皇室が神格化されたのは大久保利通によるもので、昭和になって軍国時代になると国民統合の重要な存在となり、敗戦の一九四五年には象徴としての存在となりました。皇室は自ら選択して変わってきたのではなく政治の必要で変わらされてきた。二一世紀の新しい時代には、皇室もまた変わっていいのではないかと思います。

島田　おっしゃる通りだと思います。そして変化を陛下のご判断だけにゆだねるのではなく、先ほど武居さんがおっしゃったように、政府の決断によって靖国神社にも変化をしていただくか、私が申し上げたように政府の判断として行っていただくか、あるいはその双方が必要かもしれません。

武居　参拝のご判断を天皇陛下に預けてしまうのは政治として無責任かもしれませんね。

島田　陛下の戦後八回の靖国参拝は、政府がお願いして行幸されたわけではありません。安倍総理が二〇一三年に参拝したのも、総理ご自身の判断による参拝ですが、それと同様の位置づけで果たしていいのかどうか。

武居　日本の宗教において、靖国神社は他の神社とは違うのだという位置づけが曖昧なままになっています。だから政治的なしがらみや、外交上のツールとなってしまい、それが絡み合って靖国神社に参拝したいと思っている自衛官も行けなくなっています。

　靖国神社自身が書いている成り立ちはこういうものです。

「靖國神社は、明治2年（1869）6月29日、明治天皇の思し召しによって建てられた招魂社がはじまりです。

　明治7年（1874）1月27日、明治天皇が初めて招魂社に御親拝の折にお詠みになられた『我國の為をつくせる人々の名もむさし野にとむる玉かき』の御製からも知ることができるように、国家のために尊い命を捧げられた人々の御霊（みたま）を慰め、その事績を永く後世に伝えることを目的に創建された神社です」（靖国神社HP）

それなのに靖国が国を分断させる結果になっているのは、やはり憲法が根本にあると思います。それが改正されなければ問題は直りません。

島田　靖国神社を参拝すると中国に批判され、アメリカに「失望」と言われて、そこで多くの政治家が戸惑ってしまうのは、経済的に中国に依存し、安全保障はアメリカに依存しているからです。経済も安全保障も相互依存関係はあってもいいと思いますが、過度に依存しすぎているために、波風を立てないのが現実的な解決の仕方だというのが、多くの政権の判断なのだと思います。思考停止と言ってもよいかもしれません。

岩田　情けない判断ですよね。

島田　目先だけを考えると、そう判断せざるを得ない状況に、わが国は置かれているということだと思うのです。

余談になりますが、平成一七年に野田佳彦元総理は総理大臣になる前に、小泉内閣に対して質問主意書を出しているのです。そこでは、まさしく岩田さんがおっしゃったように、戦犯の名誉は法的には回復されている、と述べた上で、だから「『A級戦犯』と呼ばれた人たちは戦争犯罪人ではないのであって、戦争犯罪人が合祀されていることを理由に内閣総理大臣の靖国神社参拝に反対する論理はすでに破綻していると解釈できる」との考えを公にされました。ところが総理大臣になると一度も参拝されないわけです。批判するつもりはありません。ただ、やはり現実に総理大臣になると、そういう判断をするのだなと思いました。

武居　中国が外交のツールとして靖国神社を利用していますから。

岩田　それによって国が分断されているわけです。政治家も何もせずに、そこから逃げています。憲法についても同じです。

靖国は宗教を超越した存在

武居　先ほど靖国に参拝する自衛官の思いについて述べましたが、やはりそれは、そこに祖国の英霊が眠っているからです。お稲荷さんに守ってもらうことはたぶんないと思いますし、菅原道真だって守ってくれないでしょう。

岩田　先ほど私は靖国に祀られたいと思っていたと述べましたが、やはりそれは同じ気持ちだからなのですよね。靖国に祀られているのは国のために命を懸けて戦った人たちなのです。だから自分と同じ気持ちなのです。自分の気持ちをわかってくれる人たちが靖国に祀られている。だから守ってくれると思うのです。おそらく、武居さんに「私のことを一番、守ってくれそうだからです」と言った自衛官も同じ気持ちではないかなと思いますね。

しかし、靖国神社に祀られるのは先の大戦までだそうです。靖国神社は宗教法人で、その枠組みがあるから、われわれが戦死しても靖国神社には祀られないと聞きました。

島田　先ほど話の出た安倍総理の「戦後七十年談話」では、こうも述べられています。「日本は、世界の大勢を見失っていきました」「進むべき針路を誤り、戦争への道を進んで行きました」「そして七十年前。日本は、敗戦しました」と。

「開戦の詔勅」では、戦争目的は「自存自衛の為」でした。しかし自存自衛は出来なかった。三百万余の同胞の命が失われました。当時の指導者が「針路を誤った」のは否めない事実でしょう。「談話」でも、「私たち日本人は、世代を超えて、過去の歴史に真正面から向き合わなければなりません。謙虚な気持ちで、過去を受け継ぎ、未来へと引き渡す責任があります」と言及されています。

ただ、針路を誤った指導者は、いわゆる「A級戦犯」とされた方々とイコールではないはずです。また、結果として進路を誤ったからと言って、追悼さえするな、というのは日本人の伝統的な心情に合わないと思います。戦勝国に配慮して、いわゆる

「A級戦犯」を「分祀」すべきという意見があります。しかし、仮にそうしても、靖国参拝が外交上のツールになってしまった以上、今度は、「B、C級戦犯が祀られている」など別の理由で非難してくるだろうと思います。「談話」の通り、これは日本人が自ら向き合い判断すべきことだと思います。

岩田　靖国に祀るのは顕彰ではありません。私は靖国に何度も行っていますが、A級戦犯と言われる人たちのことは度外視して、国のために戦って亡くなった方に対する追悼と、国を守ってくれたことに対する感謝の意も込めています。だからA級戦犯の人が祀られているとか、戦争指導を間違った人が祀られているといった個々のことは関係ありません。

島田　全国戦没者追悼式の追悼の対象の話をしましたが、その中には、いわゆる「A級戦犯」とされた方々も含まれているのです。「『戦没者之霊』の中にはA級、B級、C級戦犯も含まれるのか」という質問に対し、担当する厚生労働省は、「そういう方々を包括的に全部引っくるめて全国戦没者という全体的な概念でとらえている」と答えています。閣議決定された政府の答弁書でも「戦没者という全体的な概念でとらえて、追悼している」としています。いわゆる「A級戦犯」のご遺族にも招待状を出しているのです。これが日本人の判断なのだと思います。

武居　私は宗教の話が政治的な背景から自衛隊の中にどんどん入り込んでくるのは、ほんとうに嫌なのです。命を懸けるときには、やはり宗教的なものが必要です。無宗教ではたぶん戦って死んでいけない。最終的には心の拠りどころなのです。安心感を得るというのか。これは死と隣り合わせになるところに出なければわからないと思います。

　ですから船にはずっと昔から、船霊（ふなだま）というのがあって、ゆかりのある神社から神様を分祀してもらっている。神様を祀ることにより、大きな海難から船を守ってくれるという伝統は今でも生きています。だから自衛官が命を懸ける究極のところにまで、やれ宗教だといって、いろいろいじられるのは避けたい気がします。

岩田　宗教を超越した、われわれ日本人の永年の伝統だと私は思います。日本には八百万の神がいます。死後はみな神になり、その魂が永遠にこの世に残って、それが地域や船、あるいは国を守っている、と。だからそこに行って日本人はお参りするわけですよ。

武居　そう。大変、日本的なのです。

岩田　それを宗教と呼ぶのならばそうかもしれませんが、宗教を超越した二〇〇〇年にわたるわれわれ民族の伝統であり価値観なのだと思います。

島田　おっしゃる通りだと思います。一方で、靖国神社は日本国憲法の下で宗教法人になっている現実があります。しかし、そうであっても、安倍総理のように政教分離に反しない形での参拝は問題はないというのが政府見解です。

さらに、中曽根康弘総理は昭和六〇年八月一五日に、宗教色のない「公式参拝」を行いました。参拝する際に、二拝二拍手一拝の形式はとらず、深く一礼をされたのです。これは非常にいい解決策だったと思うのですが、一回で途絶えてしまいました。中国からの批判に対して、当時の中国首脳との関係を慮り参拝をやめたと言われています。あのとき中曽根総理は内閣総理大臣として、国費を支出して参拝したのです。

公式参拝について、政府は、「国民や遺族の多くが、靖国神社を我が国における戦没者追悼の中心的施設であるとし、靖国神社において国を代表する立場にある者が追悼を行うことを望んでいるという事情を踏まえて、専ら戦没者の追悼という宗教とは関係のない目的で行うもの」と述べています。きわめて明快です。この方式であれば、政府の判断で陛下に追悼していただくことも可能だったはずです。

岩田　やめてしまったのは問題です。継続させなければいけない。

島田　本当に残念です。この時、中国政府が、A級戦犯の合祀にからめて総理の靖国参拝を非難する声明を出したのです。それまで総理の靖国参拝については、憲法の定める政教分離との関係が主たる議論でした。それゆえもっぱら国内問題だったため、政府にとって想定外だったのかもしれません。当時の後藤田正晴官房長官は翌年、昭和六一年八月一四日に、「公式参拝は差し控える」との官房長官談話を出したのです。後藤田談話ではその理由として、「靖国神社がいわゆるA級戦犯を合祀していること等もあって」、「過去における我が国の行為により多大の苦痛と損害を蒙った近隣諸国の国民の間に、そのような我が国の行為に責任を有するA級戦犯に対して礼拝したのではないかとの批判を生み、ひいては、我が国が様々な機会に表明してきた過般の戦争への反省とその上に立った平和友好への決意に対する誤解と不信さえ生まれるおそれがある」と述べたのです。参拝をやめただけでなく、やめるにしても、このような談話を出したことは失策だったと思います。これでは日本政府自らA級戦犯の合祀に問題があることを認めたかのようです。それだけでなく、日本政府自ら、総理の靖国参拝を外交問題、国際問題にしてしまったのです。

陛下と自衛隊は隔てられている

島田　靖国の話だけをしても、解決は難しいのかもしれません。やはり憲法に遡って、占領政策をリセットすることが必要ではないでしょうか。

戦後レジームに関連して言いますと、天皇陛下と自衛隊との関係が隔てられているのは、まさに戦後レジームを象徴していると思います。

たとえば最近の海上保安庁七〇周年や、あるいは警視庁一五〇周年記念行事には天皇皇后両陛下がご臨席されています。これ自体は大変良いことだと思います。ところが自衛隊の行事には、自衛隊創設以来、一度もご臨席いただいたことがないのです。これはどう考えても尋常ではない。自衛隊と天皇陛下が接するということが、戦後のタブーになっていると思うのです。

さらに言うと、国賓が来日されたときには、皇居で歓迎式典が行われて、陸上自衛隊の特別儀仗隊による歓迎行事を行います。通常は、栄誉礼に続いて、巡閲が行われます。巡閲というのは、整列した部隊の前をゲストとホストが二人で歩いて閲兵を行うことです。巡閲はゲストとホストが二人でやるわけです。総理がホストであれば、総理と相手国の首脳がお二人で巡閲を必ず行います。しかし天皇陛下の場合は、ゲストの国賓が一人で儀仗隊を巡閲して、陛下は部隊の巡閲を行わないのです。お立ちになったままで動かれないのです。

他方、陛下ご自身が国賓として外国訪問を行う場合には、訪問先の軍隊を閲兵されています。中国を訪問されたときは人民解放軍を閲兵されていますし、ロシアを訪問したときはロシア軍を閲兵されました。つまり外国軍隊は閲兵するけれども、日本国民の安全を命懸けで守る自衛隊は閲兵されないというのが現実なのです。

付言して申し上げると、年に一回、全国の自衛隊部隊の指揮官が集まる高級幹部会同の際に、統幕長をはじめ将官クラスの指揮官が陛下に拝謁するという慣例が、一九六〇年代からずっと続いていたのです。しかし二〇一六年に宮内庁から、先の陛下のご公務負担軽減のために、この拝謁をとりやめるとの通知がありました。それ以来、拝謁が中止され、令和の御代になっても復活していないのです。

武居　えっ、そうなのですか。驚きです。するとわれわれは最後だったわけですね。

島田　これを宮内庁がどのように考えているのかはわかりませんけれども。

岩田　拝謁が中止された当時、陛下がご高齢で、ご負担を減らすためだとお聞きしました。しかし、令和になっても復活してないというのはいったいどういうことなのでしょうか。

武居　今年は自衛隊発足七〇周年です。ちょうど今、拝謁再開を調整しているとは思いますが、中止されていたのはびっくりしました。今年から天皇誕生日の拝謁が全面的に復活しましたので、このタイミングで再開しなければいけないと思います。もうコロナ禍でもありません。もし再開しなかったとしたら、宮内庁は何やっているのか、総理大臣は何をやっているのかという話になります。

島田　ちなみに高級幹部会同自体も、二〇二一年〜二〇二三年の間、三年連続で開催されていません。コロナ禍のときは菅義偉総理でしたが、それでもオンラインによって行われました。

武居　では岸田総理からやっていないということですか。なぜですか？

島田　真相はわかりません。総理秘書官を務めた経験から言えば、総理の日程は日々非常にタイトですから、複数の日程が競合する場合は、優先順位の高いものが生き残ります。優先順位が低いと判断されたのであれば残念です。

岩田　こういう事実は国民に知ってもらわないといけません。

武居　ただ、岸田総理は決して防衛省のことをないがしろにしているわけではなかったと思います。こういう言い方は良くないかもしれませんが。最後は帳尻を合わせてくれるのです。防衛大学校の卒業式には卒業式の日時を変更させても出席されました。だから決して総理の意向というわけではないと思います。

島田　そう期待したいです。高級幹部会同は、全国にちらばった陸・海・空の主要指揮官を一堂に集め、総理が最高指揮官として、自らの考えや方針を直接伝えるきわめて重要な行事です。集まるのは、一朝有事の際には、最高指揮官の意を体して、実際に自衛隊を動かす幹部達です。指揮系統上、最も総理に近い自衛官とも言えます。会議の後には、夕刻、皆を総理公邸に招いて懇談するのを常としていました。血の通ったシビリアン・コントロールを行う上でも欠かせないものだと思います。

岩田　高級幹部会同をやっていないこと自体が問題です。

島田　安倍総理があれだけ「悪夢の」と呼んだ民主党政権のときでも、鳩山由紀夫総理、菅直人総理、野田総理、とやりました。

岩田　やりましたよ。私自身官邸の地下で、主要幹部が行って、話ができました。だから普通だったら予定に入りますよね。

島田　普通でないことは確かですね。半世紀以上にわたって続いてきた大切な行事ですから。

武居　何かが官邸で起きているのですね。魑魅魍魎が巣くり始めているのでしょう。

岩田清文（いわた・きよふみ）

1957年生まれ。元陸将、陸上幕僚長。防衛大学校（電気工学）を卒業後、79年に陸上自衛隊に入隊。戦車部隊勤務などを経て、米陸軍指揮幕僚大学（カンザス州）にて学ぶ。第71戦車連隊長、陸上幕僚監部人事部長、第7師団長、統合幕僚副長、北部方面総監などを経て2013年に第34代陸上幕僚長に就任。2016年に退官。著書に『中国を封じ込めよ！』（飛鳥新社）、共著に『自衛隊最高幹部が語る令和の国防』（新潮新書）、『君たち、中国に勝てるのか　自衛隊最高幹部が語る日米同盟VS.中国』（産経新聞出版）など。

島田和久（しまだ・かずひさ）

1962年生まれ。元防衛事務次官。慶應義塾大学法学部法律学科卒業後、85年に防衛庁入庁。防衛計画課長、防衛政策課長、大臣官房審議官、内閣参事官（安全保障・危機管理）、慶應義塾大学大学院講師などを歴任。第2次安倍政権で2012年から2019年まで安倍晋三首相秘書官。防衛省大臣官房長を経て、2020年に防衛事務次官に就任。2022年退官、防衛大臣政策参与、内閣官房参与（防衛政策担当）などを歴任。現在、一般社団法人日本戦略研究フォーラム副会長、全国防衛協会連合会理事長、東京大学公共政策大学院客員教授。共著に『日本の防衛法制』（内外出版）など。

武居智久（たけい・ともひさ）

1957年生まれ。元海将、海上幕僚長。防衛大学校（電気工学）を卒業後、79年に海上自衛隊入隊。筑波大学大学院地域研究研究科修了（地域研究学修士）、米国海軍大学指揮課程卒。海上幕僚監部防衛部長、大湊地方総監、海上幕僚副長、横須賀地方総監を経て、2014年に第32代海上幕僚長に就任。2016年に退官。2017年、米国海軍大学教授兼米国海軍作戦部長特別インターナショナルフェロー。現在、三波工業株式会社特別顧問。笹川平和財団上席フェロー。翻訳に『中国海軍VS.海上自衛隊』（ビジネス社）、共著に『君たち、中国に勝てるのか　自衛隊最高幹部が語る日米同盟VS.中国』（産経新聞出版）など。

国防の禁句　**防衛「チーム安倍」が封印を解く**

令和６年10月23日　第１刷発行

著　　者　岩田清文　島田和久　武居智久
発 行 者　赤堀正卓
発 行 所　株式会社産経新聞出版
〒100-8077 東京都千代田区大手町 1-7-2
産経新聞社８階
電話　03-3242-9930　FAX　03-3243-0573
発　　売　日本工業新聞社　電話　03-3243-0571（書籍営業）
印刷・製本　株式会社シナノ

ISBN 978-4-8191-1443-1　C0095